改訂3版
図解でよくわかる
ネットワークの
重要用語解説

きたみりゅうじ 著

技術評論社

■ご注意

　本書に記載された内容は、情報の提供のみを目的としています。したがって、本書を用いた運用は、必ずお客様自身の責任と判断によって行ってください。これらの情報の運用の結果について、技術評論社および著者、各開発メーカーはいかなる責任も負いません。

　本書の情報は、2009年4月1日現在のものを掲載していますので、ご利用時には変更されている場合もあります。

　以上の注意事項をご承諾いただいた上で、本書のご利用願います。これらの注意事項をお読みいただかずに、お問い合わせいただいても、技術評論社および著者は対処しかねます。あらかじめ、ご承知おきください。

● 本文中に記されている製品などは、各発売元または開発メーカーの登録商標または製品です。なお、本文中には、®、™は明記していません。

CONTENTS

はじめに 3
目次 4
本書の使い方 8

1章 ネットワーク概論　　11

- LANとWAN 12
- クライアントとサーバ 16
- ネットワークを構成する装置 20
- ネットワーク上のサービス 24
- インターネット技術 28
- ●コラム「ネットワークが下りてきた日」 32

2章 OSI参照モデルとTCP/IP基礎編　　33

- OSI参照モデル 34
- ネットワークプロトコル 36
- TCP/IP 38
- IP (Internet Protocol) 40
- TCP (Transmission Control Protocol) 42
- UDP (User Datagram Protocol) 44
- パケット 46
- ノード 48
- IPアドレス 50
- サブネットマスク 52
- ポート番号 54
- ドメイン 56
- IPv6 (Internet Protocol Version 6) 58
- ●コラム「そもそもさんとOSI参照モデル」 60

3章 ローカル・エリア・ネットワーク編　　61

- LAN (Local Area Network) 62
- ネットワークトポロジー 64
- スター型LAN 66
- バス型LAN 68
- リング型LAN 70
- Ethernet 72

はじめに

　コンピュータ用語というものは、誰に聞いても「難しい」と言われます。専門用語ばかりというのもありますが、略称を使うことが多いのも大きな要因でしょう。中でもネットワークに関するものといえば、とにかく略称ばかりで意味が推測できません。しかも困ったことに似たようなスペルのものが多いんですよね。DNSとDHCPって自分もはじめは区別できなかったですもの。

　ところが技術屋さんの常として、こういった言葉の意味を聞くと、さらに専門用語で切り返してきたり、「そもそも～」などと難しい講釈を垂れだすことが多いのです。ちょっと聞いただけなのに、難しい言葉が返ってくる、頭が痛くなっちゃう、もう嫌だ。そんな感じで苦手意識を刷り込まれてしまった人も、不幸なことに少なくはないでしょう。

　でも、そうした苦手意識を持った人でも、身の回りのものに置き換えてみたり、絵を描いて教えたりすると、案外すんなりとわかってしまうものです。結局のところ、わからないというのは「頭の中でイメージ化できない」ことなんですよね。どんな動きをするものなのか、どんな役割りのものなのか、イメージさえ浮かんでしまえばこっちのものなのに、その「イメージ化する」ってことがなかなか大きな壁なわけです。

　では、その頭の中にあるイメージをそのまま伝えましょう。

　本書はそうした考えから生まれました。

　言葉では難解なことでも、「ああ、こんなイメージだったなぁ」と絵が浮かべば、だいたい意味は推測できるものです。「概略がつかめて話をあわせることができれば良い」のだけれどそれさえ覚束ない人たちに、本書がひとつの救いとなってくれれば幸いです。

2002年 11月 きたみりゅうじ

- Token Ring ·· 74
- 無線LAN ··· 76
- PLC（Power Line Communications） ·· 78
- Bluetooth ··· 80
- グローバルIPアドレス ··· 82
- プライベートIPアドレス ·· 84
- ワークグループネットワーク ·· 86
- ドメインネットワーク ·· 88
- ●コラム「ＬＡＮがおもちゃだった時代」 ··· 90

4章 ワイド・エリア・ネットワーク編　91

- WAN（Wide Area Network） ·· 92
- 専用線 ·· 94
- VPN（Virtual Private Network） ··· 96
- ISDN（Integrated Services Digital Network） ······························ 98
- xDSL（x Digital Subscriber Line） ··· 100
- ADSL（Asymmetric Digital Subscriber Line） ······························· 102
- FTTH（Fiber To The Home） ·· 104
- WiMAX（Worldwide Interoperability for Microwave Access） ············ 106
- ブロードバンド（BroadBand） ·· 108
- IP電話 ·· 110
- ホットスポット ··· 112
- ●コラム「WANと電線」 ··· 114

5章 ハードウェア編　115

- NIC（Network Interface Card） ··· 116
- LANケーブル ·· 118
- リピータ ··· 120
- ブリッジ ··· 122
- ルータ ·· 124
- ハブ ·· 126
- スイッチングハブ ··· 128
- モデム ·· 130
- bps（bits per second） ··· 132
- ゲートウェイ ··· 134
- コリジョン ··· 136
- MACアドレス（Media Access Control Address） ·························· 138
- UPnP（Universal Plug and Play） ·· 140
- DLNA（Digital Living Network Alliance） ··································· 142

QoS（Quality of Service） ……………………………………………… 144
●コラム「ピーガガガーで距離を超え」 ………………………………… 146

6章 サービス・プロトコル編　147

DNS（Domain Name System） ……………………………………… 148
DHCP（Dynamic Host Configuration Protocol） ………………… 150
NetBIOS（Network BIOS） …………………………………………… 152
NetBEUI（NetBIOS Extended User Interface） …………………… 154
WINS（Windows Internet Name Service） ………………………… 156
PPP（Point to Point Protocol） ……………………………………… 158
PPPoE（Point-to-Point Protocol Over Ethernet） ………………… 160
PPTP（Point-to-Point Tunneling Protocol） ……………………… 162
ファイアウォール ………………………………………………………… 164
プロキシサーバ …………………………………………………………… 166
パケットフィルタリング ………………………………………………… 168
NAT（Network Address Translation） ……………………………… 170
IPマスカレード（NAPT:Network Address Port Translation） …… 172
●コラム「時代が求めたLANパック」 ………………………………… 174

7章 インターネット編　175

インターネット（Internet） …………………………………………… 176
ISP（Internet Services Provider） …………………………………… 178
JPNIC（JaPan Network Information Center） …………………… 180
WWW（World Wide Web） …………………………………………… 182
WWWブラウザ …………………………………………………………… 184
URL（Uniform Resource Locator） ………………………………… 186
電子メール（e-mail） …………………………………………………… 188
ネットニュース …………………………………………………………… 190
インスタントメッセージ（IM:Instant Message） ………………… 192
HTTP（HyperText Transfer Protocol） …………………………… 194
SMTP（Simple Mail Transfer Protocol） …………………………… 196
POP（Post Office Protocol） ………………………………………… 198
IMAP（Internet Message Access Protocol） ……………………… 200
NNTP（Network News Transfer Protocol） ……………………… 202
FTP（File Transfer Protocol） ……………………………………… 204
SSL（Secure Sockets Layer） ………………………………………… 206
SET（Secure Electronic Transaction） …………………………… 208
HTTPS（Hyper Text Transfer Protocol over SSL） ……………… 210
NTP（Network Time Protocol） …………………………………… 212

MIME (Multipurpose Internet Mail Extensions) ……………… 214
ICMP (Internet Control Message Protocol) ……………… 216
HTML (Hyper Text Markup Language) ……………… 218
Dynamic HTML ……………… 220
JavaScript ……………… 222
CSS (Cascading Style Sheets) ……………… 224
ActiveX ……………… 226
Java ……………… 228
CGI (Common Gateway Interface) ……………… 230
Cookie ……………… 232
XML (eXtensible Markup Language) ……………… 234
SOAP (Simple Object Access Protocol) ……………… 236
RSS (RDF Site Summary) ……………… 238
DynamicDNS ……………… 240
コンピュータウイルス ……………… 242
ポータルサイト ……………… 244
検索サイト ……………… 246
ブログ (Blog) ……………… 248
ソーシャルネットワーク (SNS:Social Networking Site) ……………… 250
●コラム「個人による情報発信は意味がない?」……………… 252

8章 ケータイ編　253

携帯電話 (Cellular Phone) ……………… 254
PHS ……………… 256
マイクロセル方式 ……………… 258
マクロセル方式 ……………… 260
フェムトセル ……………… 262
ローミング ……………… 264
ハンドオーバー ……………… 266
パケット通信 ……………… 268
輻輳 ……………… 270
SIM カード ……………… 272
Felica ……………… 274
●コラム「あの頃はいつもPHSだった」……………… 276

終わりに ……………… 277
改訂にあたって ……………… 278
改訂3版にあたって ……………… 279
「マンガ式IT塾 パケットのしくみ」紹介 ……………… 280
索引 ……………… 282

本書の使い方

●本書の特徴

　本書は、ネットワークの必須キーワードを文章だけでなくイラストで説明しました。言葉による説明だけではわかりにくい単語も、イラストを見ることでそのイメージをつかむことができ、概要を理解することができると思います。

　ですから、本書の文字を必死に追って考えるだけではなく、イラストのイメージを頭に入れつつ読み進めていただければと思います。

　また、本書は最初から順番に読み進めていく必要はありません。わからない単語や気になる単語から拾い読みしていただいても結構ですし、もちろん、1章から順に読んでいただいてもかまいません。

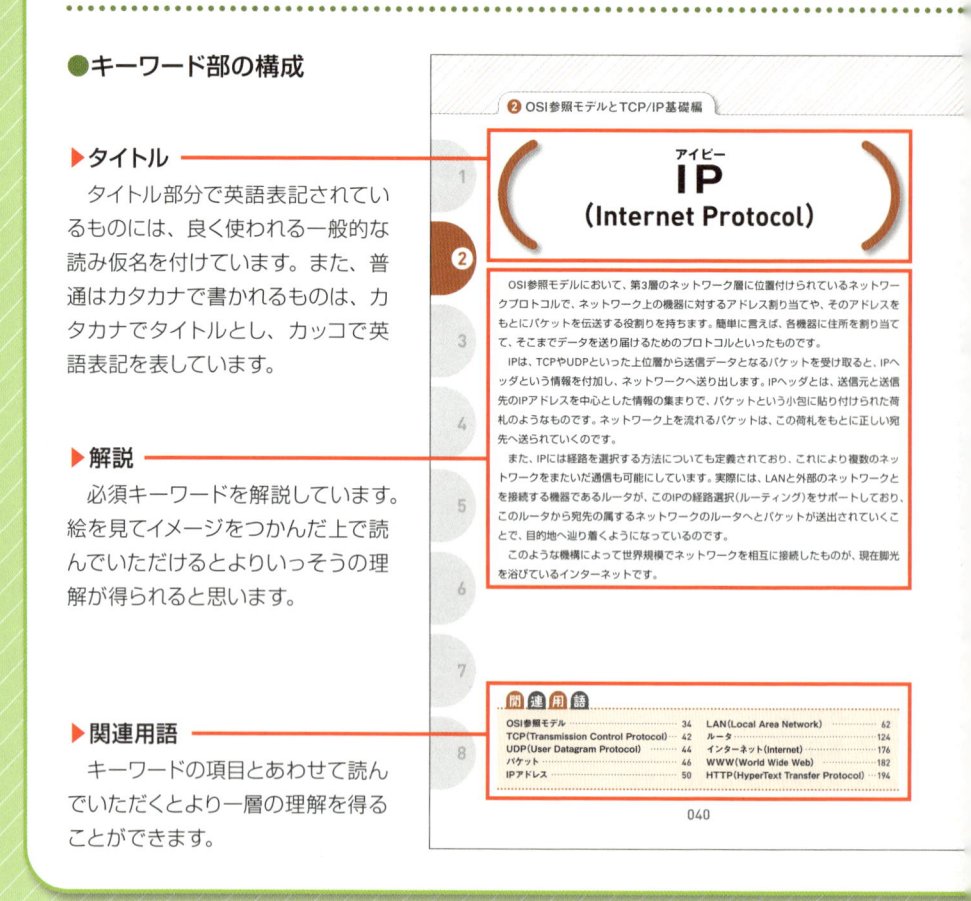

●キーワード部の構成

▶タイトル

　タイトル部分で英語表記されているものには、良く使われる一般的な読み仮名を付けています。また、普通はカタカナで書かれるものは、カタカナでタイトルとし、カッコで英語表記を表しています。

▶解説

　必須キーワードを解説しています。絵を見てイメージをつかんだ上で読んでいただけるとよりいっそうの理解が得られると思います。

▶関連用語

　キーワードの項目とあわせて読んでいただくとより一層の理解を得ることができます。

1章はネットワーク全体の概要の話になっています。1章では、ネットワークを大まかに理解していただくために、用語を詳しく説明していません。それらの用語はすべて2章以降でキーワードとして詳しく解説していますので、わからないことがあっても、あまり気にせずに読み進めてネットワークの全体の流れを理解するようにしてください。

　2章以降はキーワード部となっています。ここでは、見開きで必須キーワードを文章とイラストで解説しています。

　本書はネットワークのキーワードをイメージ化していただくことを、一番の目的にしています。何度も何度もイラストを見ていただき、イメージ化していただくと、自ずとそのキーワードが理解できると思います。

▶イラスト

　すべてのキーワードをイラストで解説しています。イラストで解説することにより、イメージをつかむことができ、理解しやすいと思います。また、本書を一度読んだ後にイラストを眺め直すことでイメージをすぐに思い出すことができるので、簡単な復習になると思います。

処方箋

[成　　分]　本品の1単語 (2page) 中

　　ちょっと難しめの文書 ……………………………… 1page
　　柔く噛み砕いたイラスト …………………………… 1page
　　(添加物として：若干のおふざけ)

[効能・効果]

知識不足からくる諸症状 (話題についていけない、本を読んでも理解できない、略語を見ると悪寒が走る、すべて同じ言葉に聞こえる、積極的に話ができない) の緩和

[用法・用量]

1単語につき2page、1日に数単語を必要に応じて服用してください。

[使用上の注意]

1. 服用後は自動車等の運転をしないでください。
2. 小児の手のとどかない所に保管してください。
3. 直射日光をさけ、なるべく湿気の少ない涼しい所に保管してください。

製造番号：本書裏面に記載
使用期限：無期限

1章

ネットワーク概論

❶ ネットワーク概論

LANとWAN

LAN
事業所やビル内など、比較的狭い範囲のネットワークをこう呼びます。

WAN
距離的に離れたLAN同士を、専用線などによって接続したネットワークをこう呼びます。

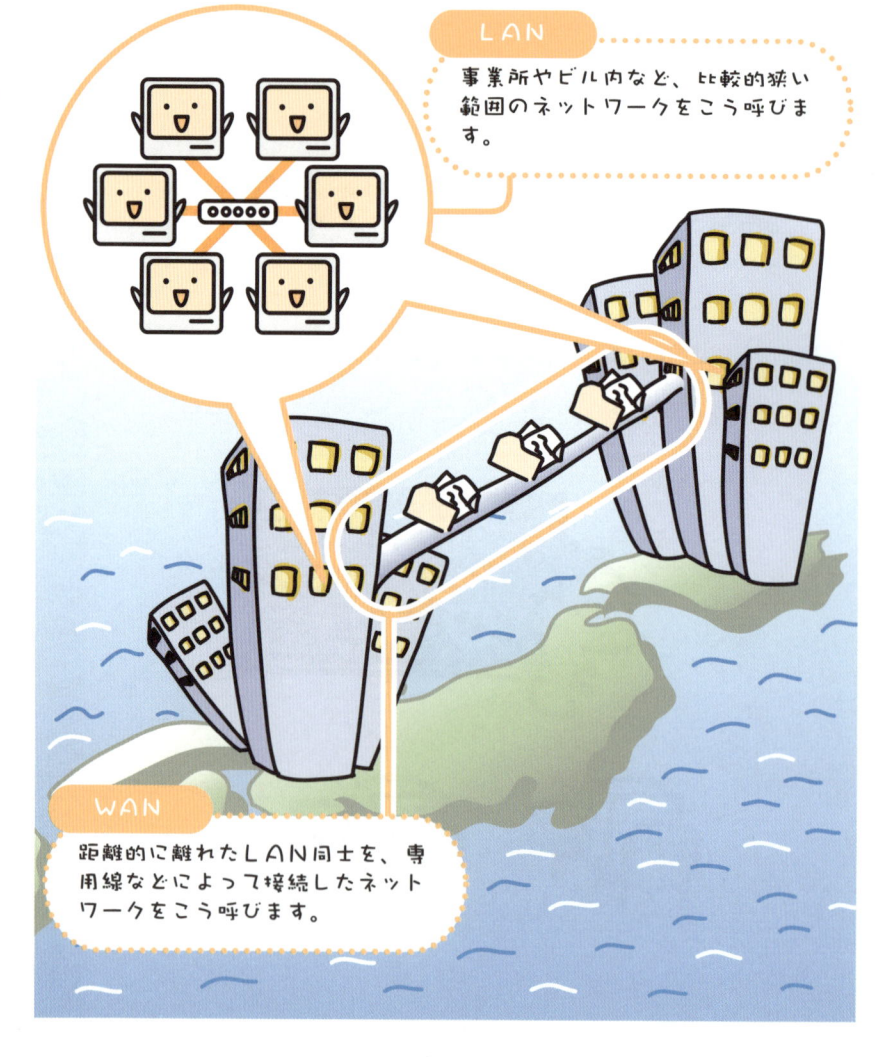

ネ ットワークとは、情報の流れる経路のこと。たとえば私たちは普段、何気なしに電話を使用して会話をしているわけですが、これは電話が公衆回線網というネットワークにつながれているからできることです。もっと単純に言えば糸電話。ただの紙コップを1本の糸でつなぐだけでおしゃべりできますよね？ あれは音の波形が糸を伝わってうんぬんとか色々原理があるんでしょうが、要は「音声を流すことのできるネットワーク」に2つの紙コップをつないだからできるわけです。この場合のネットワークとは単なる1本の糸ですが、先ほど言ったように「ネットワークとは情報の流れる経路」なのであって、その経路が何でできているかは問題じゃないんです。この1本の糸だって、立派なネットワークなのです。つまりネットワークとは何か特別なものというわけではありません。コンピュータの場合はネットワーク上を流れる情報が、音声ではなくてファイルなどの「電子データ」となるだけなのです。

ネットワークとは、情報の流れる経路のこと

糸電話だって、立派な音声ネットワーク

❶ ネットワーク概論

さて、コンピュータにおけるネットワークと言った時に欠かすことのできない用語がLANとWANです。LANとはローカル・エリア・ネットワークの略で、事業所やビル内といった比較的狭い範囲のネットワークをこう呼びます。最近では複数台のパソコンを持つ家庭も増えましたが、そういった家庭で構築するネットワークもやはりLANということになります。

　LANを構築するメリットとは、ネットワークを構築するメリットそのもので、ファイルの共有やプリンタを代表とする外部機器の共有にあります。現在主流となっているWindows OSにはネットワークの機能が標準で組み込まれており、こうしたメリットを簡単に享受できるようになっています。

　LANにも様々な規格があり、その接続形態はバス型、スター型、リング型といった3種類に分かれます。特にハブを利用した接続形態である、スター型LANがもっとも一般的です。

WANとはワイド・エリア・ネットワークの略で、距離的に離れているLAN同士が専用線などによって接続されているネットワークをこう呼びます。たとえば企業で支社間同士を接続するなど、そういったネットワークを想像すると良いでしょう。

離れたLAN同士を接続したものがWAN

　WANで用いる専用線は、かなり高額なものでない限り、一般的にLANのものよりも大幅に速度が劣ります。そのため、支社間をつないだからといって、LANと同様の感覚でファイル共有や外部機器の共有を行うといった用途には向きません。多くは仕事上必要となるデータの受け渡しや、人事管理など基幹業務を集中管理するための利用となります。

　現在注目を浴びているインターネットに関しても、世界中のLAN同士を接続したものととらえることができますので、広い意味でWANの一種だと言うことができます。以前はコストの高い専用線を使って構築していたWANですが、最近では暗号化通信の発達により、このインターネットを利用して安価に構築する例も増えています。

インターネットもWANの一種

1 ネットワーク概論

クライアントと
サーバ

クライアント
ネットワークにおいて、サービスを要求する側となるコンピュータをこう呼びます。

お～い プリンタこっち～

ファイルまだ～？

IPアドレス発行してよ～

ハ、ハイ～

サーバ
ネットワークにおいて、サービスを提供する側となるコンピュータをこう呼びます。

ネットワーク上の登場人物と言えば、サーバとクライアント。これは、そういう名前のコンピュータを指すのではなくて、コンピュータの役割りを表現するのに使う言葉です。サーバとは、日本語にすると「給仕人」という意味です。ちょっと高級なレストランとかに行くといますよね。席に案内してくれたり、メニューを持ってきてくれたり。わからないことがあると教えてくれたりもします。反対にクライアントとは、日本語にすると「依頼人」という意味で、「あれしろ～」「これくれ～」とねだる側になります。役柄で言うと、レストランに来たお客さんですね。席につくことからはじまって、様々な要望をサーバ（給仕人）に伝えて、叶えてもらうわけです。

　レストランではお客が主人公であるように、ネットワークでも主人公はクライアントです。サーバはあくまでも補助をする側であり、「何をしたいのか」を能動的に伝えるのはクライアントの仕事なのです。こうした「サービスを提供する人」と「サービスを受ける人」がやり取りを行うことによって、ネットワークでは情報が行き交うことになります。

何にいたしましょう
サーバとはネットワークの給仕人

サーバさんプリンタ持ってきて～
主人公は依頼人であるクライアント

❶ ネットワーク概論

コンピュータが5～6台といった小規模なLANの場合、サーバとして専用のコンピュータを設置することは珍しく、ほとんどがPeer-to-Peer（ピア・トゥー・ピア）型のネットワークとなります。

Peer-to-Peerでは、お互いに資源を共有する

Peer-to-Peer型のネットワークとは、ネットワーク上のクライアントがお互いにファイルやプリンタといった資源を共有しあう形態です。自分のファイルやプリンタを使用したいと依頼された時はサーバとなり、他のコンピュータのファイルを使用したい時はクライアントとなって依頼を出します。この形態では、高級レストランのように専任の給仕人は居ません。各コンピュータが、時にはサーバとなり、時にはクライアントとなり、その時々の状況に応じて役割りを変えるのです。

このように、各コンピュータは同等の権限を持っていて、しかも独立しています。そのため、ネットワークにコンピュータを追加したり、逆にネットワークから切断したりといったことも自由に行うことができます。そうしたことから、手軽に扱うことのできるネットワーク形態なのです。

ネットワークへの参加が自由にできる

それとは逆に、専任の給仕人、つまりサーバとして専用のコンピュータを設けてネットワークを管理する方法もあります。これはクライアントサーバ型と呼ばれるネットワーク形態で、ネットワークの管理をサーバ上で一括して行うものです。

　給仕人のいるレストランでは、席に座ることすら案内のもとで行われますよね。その上で要求を伝え、必要なサービスを受けるわけです。クライアントサーバ型のネットワークもこれと同じです。コンピュータはネットワークに参加する時点から、サーバに対して許可を得なくてはいけません。そして、サーバ上にあるファイルやプリンタなどの利用を依頼して、必要なサービスを受けるわけです。

　一見まどろっこしく見える方法ですが、サーバで一括して管理を行うために、ある程度規模の大きなネットワークになると逆に手間がかからなくなってきます。また、セキュリティ上好ましくない利用者に制限をかけたり、ネットワークへの参加を拒否したりなど、柔軟にサービスの構成を変更することができるのも特徴です。

クライアントサーバは、サーバで一括管理する

ネットワーク全体を、柔軟に管理できる

① ネットワーク概論

ネットワークを構成する装置

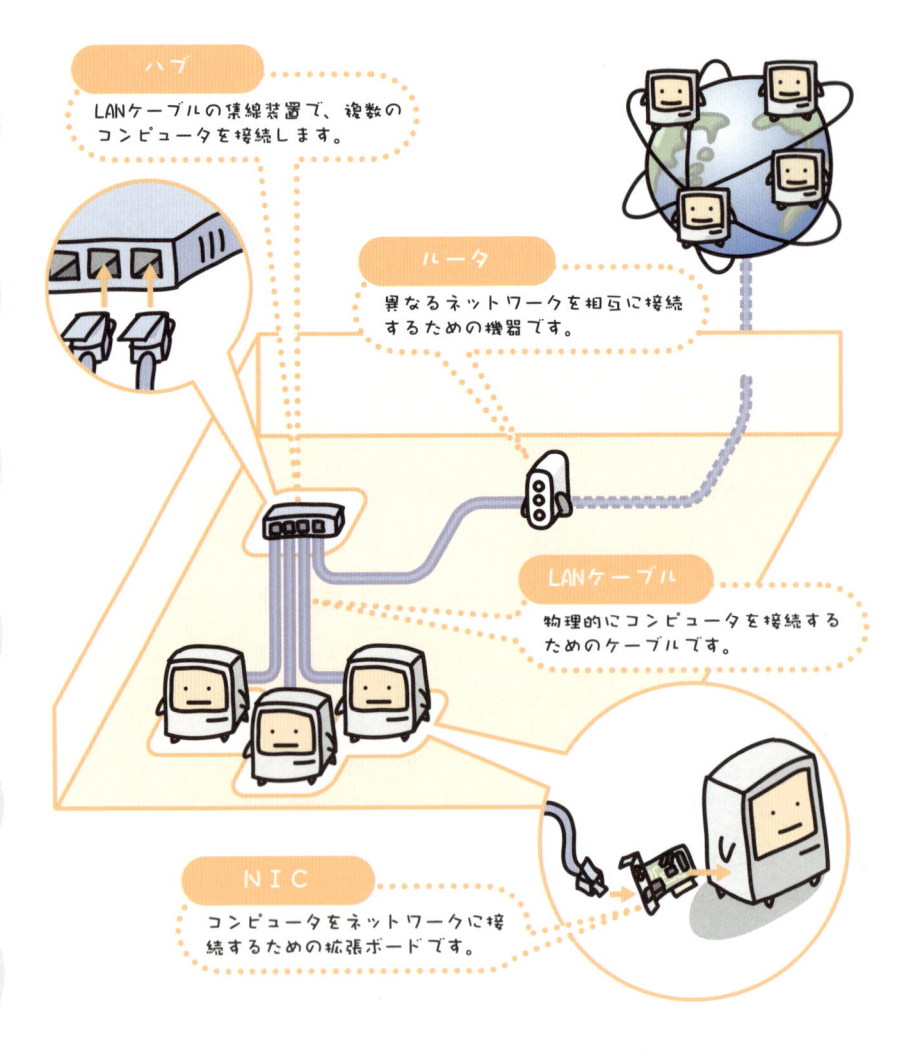

ハブ
LANケーブルの集線装置で、複数のコンピュータを接続します。

ルータ
異なるネットワークを相互に接続するための機器です。

LANケーブル
物理的にコンピュータを接続するためのケーブルです。

NIC
コンピュータをネットワークに接続するための拡張ボードです。

ネットワークには物理的な接続の仕方から、その上で流す電気信号の定義、通信内容の送受信方法など様々な規則が定められています。こうした約束事に則った機器で構成することによって、ネットワーク上ではコンピュータの種類に依存することなく、情報をやり取りすることができるのです。

　これを実生活に置き換えてみると、普段利用している電話と良く似ています。電話を利用するためには、電話機をモジュラーケーブルで宅内の回線口に接続するわけですが、その際電話機の種類に関しては意識しませんよね。これは電話機が公衆回線を利用するための規格に沿っているからです。どれだけ多機能な電話機であっても、音声を電話線に信号としてのせる部分は共通していて、だからこそ相手先でも元の音声に変換して聞くことができるわけです。

　電話とコンピュータネットワークの違いと言えば、コンピュータには最初からそうした信号変換機能が付いているわけではないことと、用意された公衆回線につなぐわけでもないということです。そのため、コンピュータの場合は様々な装置が必要となってくるのです。

1 ネットワーク概論

こうしたネットワークを構成する機器ですが、LANの規格として広く普及しているEthernetにおいては、NIC、LANケーブル、ハブ、ルータといった辺りが代表的なものになります。

NIC（Network Interface Card）は、コンピュータをネットワークに接続するために必須となる拡張ボードです。NICにはLANケーブルを接続するための挿し込み口が設けられており、コンピュータ上のデータを電気的な信号に変換して、この挿し込み口から送り出します。他からの受信に関してもここで行い、その場合は受信した電子信号をもとのデータに復元してコンピュータへと渡します。言ってみればネットワークとコンピュータとの間を橋渡しする翻訳機みたいなもので、最近ではネットワークを利用するのが当たり前となってきているため、はじめからコンピュータに内蔵されることが増えてきました。

NICは電気信号と電子データとの翻訳機

LANケーブルは物理的にコンピュータを接続するケーブルで、電話機を公衆回線に接続するための電話線みたいなものです。このケーブルをNICに挿し込んでコンピュータ同士を接続することにより、データを流すための経路が確立されることになります。

LANケーブルは電気信号の物理的な通り道

ハブというのはLANケーブルの集線装置です。LANケーブルを接続するための挿し込み口を複数備えており、その数だけコンピュータを接続することができます。ハブは接続されたLANケーブル間の電気的な中継器となりますので、この装置に接続されたコンピュータ同士は、お互いに情報を送り合うことができるようになるわけです。

　ここまでが手元のコンピュータを接続して、LANを構成するための基本的な装置です。コンピュータ同士をいかに接続するかということを目的としているのが、それらの特徴です。

　ルータに関してはそれらと少し毛色が異なります。ルータは、異なるネットワークを相互に接続するために使用する機器なのです。ルータは通信データがどのネットワークに送られるべきものなのかを判断して、適切な場所へと転送する仕分け屋さんです。

　たとえばLANとインターネットを接続するだとか、支社間のLAN同士を接続してWANを構築するといった場合に必要となります。

❶ ネットワーク概論

［ ネットワーク上の サービス ］

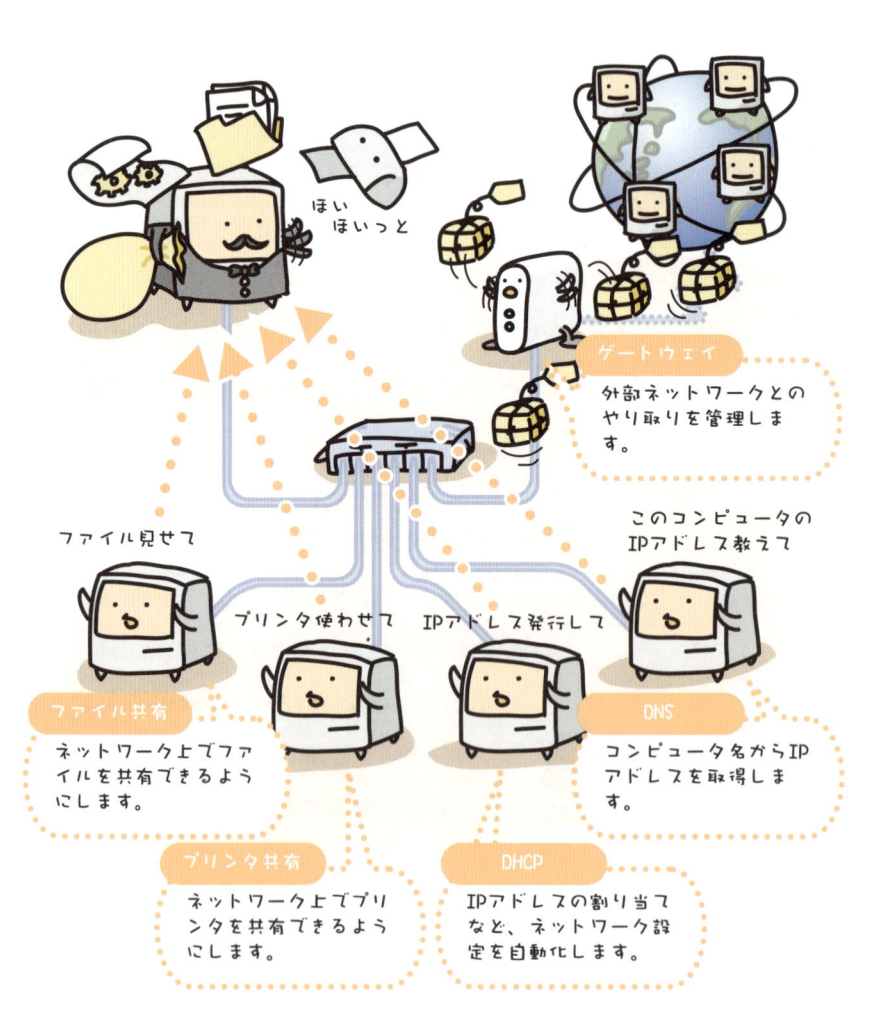

ゲートウェイ
外部ネットワークとのやり取りを管理します。

ファイル見せて

このコンピュータのIPアドレス教えて

プリンタ使わせて

IPアドレス発行して

ファイル共有
ネットワーク上でファイルを共有できるようにします。

DNS
コンピュータ名からIPアドレスを取得します。

プリンタ共有
ネットワーク上でプリンタを共有できるようにします。

DHCP
IPアドレスの割り当てなど、ネットワーク設定を自動化します。

サービスというのはサーバがネットワーク上で提供している機能のことです。たとえばファイルを共有するだとか、プリンタを共有するといったものもこのひとつで、共有サービスとしてサーバがネットワークに機能を開放しているから利用できるのです。

そもそもサーバというのは「サービスを提供する側のコンピュータ」を指す言葉ですので、ファイルの共有など何らかのサービスをネットワークに対して提供しているものは、すべてサーバとして動作することができることになります。

こうしたサービスには、個々のコンピュータが自身の資源を共有させるために用いるものから、ネットワーク全体を円滑に管理・運営するために欠かせないものまで様々なものがあります。管理・運営のために使うサービスとして代表的なものがDHCPやDNSといったもので、最近では家庭向けに販売されているブロードバンドルータにもこうした機能が搭載され、LANの構築を容易なものにしています。

サービスはサーバが提供している機能のこと

ルータにも様々なサーバ機能が実装されている

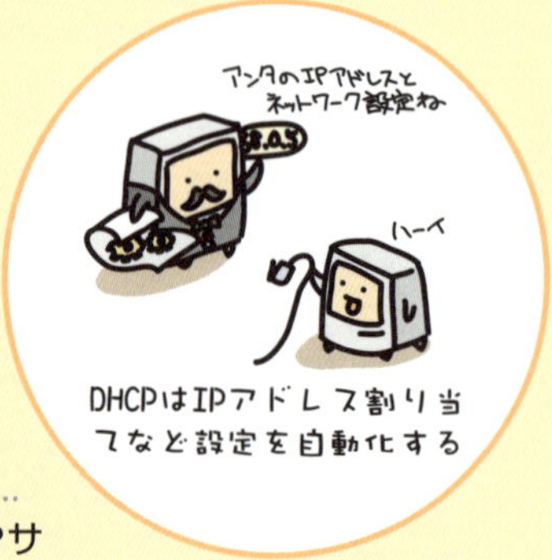

❶ ネットワーク概論

DHCP（Dynamic Host Configuration Protocol）は、クライアントに対するネットワークの設定やIPアドレスの割り当てを自動化するためのサービスです。ネットワーク上のDHCPサーバに各クライアントがアクセスすることで、自分が使用するIPアドレスを借り受け、ネットワークに参加することができます。このIPアドレスは、TCP/IPネットワークにおいては各コンピュータを識別するために必要なもので、重複しない値を割り当てて使用しなくてはいけません。このサービスを使用することで、煩雑なIPアドレスの管理から開放されるのです。

DNS（Domain Name System）は、IPアドレスとコンピュータ名との対応を管理するサービスです。このサービスによってコンピュータ名からIPアドレスを逆引きすることができるため、他のコンピュータへのアクセスは、覚えやすいコンピュータ名を使って行うことができるようになります。

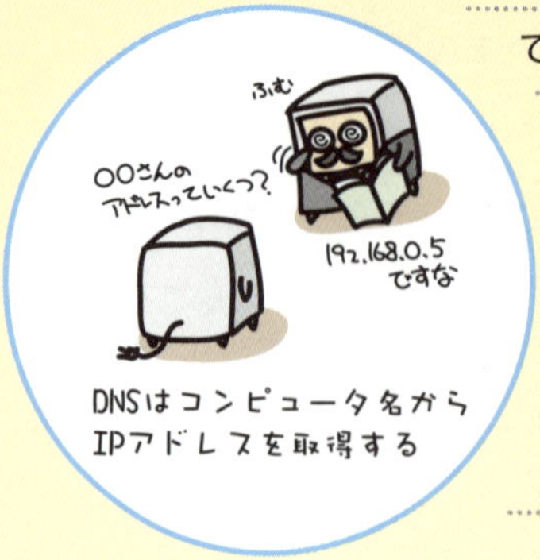

これらのサービスが稼動しているネットワークでは、クライアント側の設定はほとんど自動化されることになりますので、管理にかかる負担はかなり削減されます。

ネットワーク管理の他にも、LANを便利に利用するためのサービスというのも存在します。

たとえばNTP（Network Time Protocol）というサービスでは、そのサービスが稼動しているコンピュータの時刻に全コンピュータの時刻を同期させることができます。外部ネットワークとの出入り口となるゲートウェイサービスでは、IPマスカレードという機能のように、複数のコンピュータを同時に外部ネットワークへアクセスできるようにするものもあります。LAN外のサービスとして有名なのはインターネットのWWW（World Wide Web）ですが、これを同時に利用することができるようになるのです。

このようにネットワークはサービスの組み合わせによって稼動しています。つまりネットワークでできることというのは、「どんなサービスがそのネットワーク上で稼動しているか」によって決まるわけです。ですから新たなサービスを追加することにより、ネットワークの機能を柔軟に拡張させることができるのです。

ただ今の時刻は10:00ちょーどでぴす
NTPは時刻を同期させることができる

ゲートウェイは外と内とを繋ぐ出入り口

1 ネットワーク概論

インターネット技術

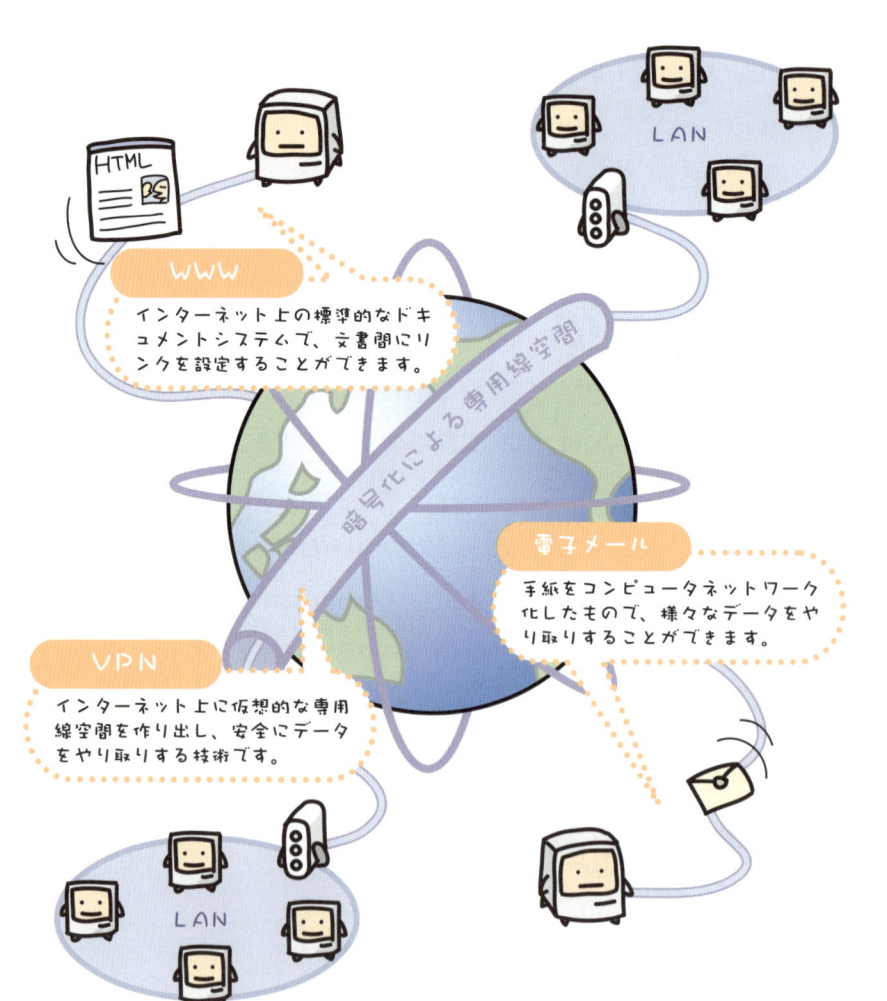

WWW
インターネット上の標準的なドキュメントシステムで、文書間にリンクを設定することができます。

暗号化による専用線空間

電子メール
手紙をコンピュータネットワーク化したもので、様々なデータをやり取りすることができます。

VPN
インターネット上に仮想的な専用線空間を作り出し、安全にデータをやり取りする技術です。

LAN同士を相互に接続していくことで、世界的な規模にまで拡張されたネットワークがインターネットです。かつては学術研究目的に利用されていたネットワークですが、一般ユーザ向けの接続サービスが台頭することで爆発的に普及を遂げ、商用利用も盛んに行われるようになりました。現在ではインターネットという言葉が一般向けのTVコマーシャル上でもバンバン流れており、インターネットを利用することがパソコン購入の主目的という話も珍しくはありません。

このネットワークはTCP/IPというネットワークプロトコルを基盤としており、IPアドレスをもとにコンピュータを識別します。LANとLANとはルータによって接続され、通信データはルータによって経路選択されながら目的のネットワークへと送り届けられるという仕組みになっています。

このインターネットでもっとも利用されているであろうサービスが、WWW（World Wide Web）と電子メールです。

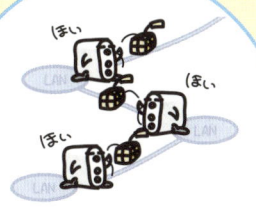

インターネットは世界規模のネットワーク

ルータ同士がバケツリレーのようにデータを流す

❶ ネットワーク概論

WWWはインターネット普及の原動力ともなったサービスで、インターネットで標準的に用いられているドキュメントシステムです。もっとも多く利用されているサービスであるため、現在はインターネットという言葉がそのままWWWを示すことも少なくはありません。

ドキュメントはHTML（Hyper Text Markup Language）という言語を用いて記述されており、ドキュメント間にリンクが設定できたり、文書内に画像や音声、動画といった様々なコンテンツを表示することができるといった特徴を持ちます。こうしたドキュメントは、URLという形式でアドレスを指定することにより、世界中のどこからでも閲覧することができるのです。

電子メールは簡単に言うと手紙のコンピュータネットワーク版です。電子メール用のアドレスを各人が持ち、この電子メールアドレスを宛先として、コンピュータ上で書いたメッセージを相手に送ることができます。本文の他にファイルを添付して送ることができますので、あらゆるデータをやり取りすることができます。

WWWは世界中を網羅するドキュメントシステム

電子メールはネットワークを利用した手紙

ま た、インターネット自体が世界的なネットワークということから、通信インフラと捉えて活用する動きも活発です。その代表的なものがVPN（Virtual Private Network）です。これはインターネット上に仮想的な専用線空間を作り出すことで、拠点間を安全に接続するための技術です。仮想的な専用線空間は、拠点間で暗号化した通信データをやり取りすることによって実現しています。

VPNは仮想的な専用線を構築して拠点間を接続する

　従来は企業の支社間を接続するなど、広域ネットワークであるWANを構築するには高価な専用線を用いる必要がありました。しかし、既存のインターネット回線を転用することによってWANを安価に導入できるようになったのです。

　インターネットでは、他にもネットニュースやインスタントメッセージなど様々なサービスが存在します。また、日々新しい技術が考案されているため、今後もこうしたサービスは広がりを見せていくことでしょう。

日々新しいサービスが登場している

column

「ネットワークが下りてきた日」

　自分がコンピュータ業界に入った年、世の中はWindows95フィーバーとやらで沸きかえりました。発売日には深夜のパソコンショップに行列ができ、その様子をテレビニュースが取り上げるなど、従来からは想像できない現象が巻き起こったのです。

　そんな現象が巻き起こるほどに、それまでのWindows3.1は使い辛かったんだよ、とかそんな声が聞こえてきそうですが、まぁこの時を境目に「パソコン」というものが市民権を得たことは確かでしょう。それと同時に、このOSを境目として市民権を得たものがもうひとつあるのです。それがネットワークです。

　もちろんそれまでにもネットワークに対応したOSはありました。けれども家庭向けに売り出されていたパソコンのほとんどがWindows3.1搭載のパソコンで、それらを使ってネットワークを利用するには、あとから専用のソフトウェアを購入してきてセットアップを行わなくてはいけませんでした。そして、それを行うのは一部の人に限られていたのです。

　あれから14年。今ではOSは「ネットワークに対応」というよりも「ネットワークを前提」とした造りになりつつあります。パソコンが複数あればネットワーク化するのがあたり前、家庭でLANを構築しているのも一部の趣味人に限った話ではありません。インターネットへの常時接続だって珍しいことではなくなりました。かつて、未来の電話と言われていたテレビ電話も、安いUSBカメラを買ってくることで実現されちゃったりするんですよね。

　ここまで便利な時代になってくると、逆に「一太郎でシコシコ文書作って、フロッピーに保存して、プリンタの順番待ちして印刷してた頃」を、あれはあれで良かったななんて思ったりするのですから、人間というのは不思議なものですねホント。

2章

OSI参照モデルと TCP/IP基礎編

❷ OSI参照モデルとTCP/IP基礎編

OSI参照モデル
（オーエスアイ）

　ネットワークでは、異なる機種同士でも問題なくデータの送受信が行えるよう、相互運用性の実現が重要となります。また、ネットワーク機能の拡張やサービスの追加など、新しいテクノロジを組み込んで、よりネットワークを高度に活用する必要にも迫られます。

　このような相互運用性と機能の拡張性を実現するために、ネットワークの基本構造は7つの階層に分けて管理されています。この階層構造のことをOSI参照モデル、もしくはOSI階層モデルと呼びます。

　もっとも下層に位置するのが第1層の物理層です。この層では物理的なもの、つまりケーブルのピン数や電気特性を定め、送出データの電気的な変換などを行います。第2層のデータリンク層では、直結された相手との通信路を確保し、データの誤り訂正や再送要求などを行います。第3層のネットワーク層では、相手までデータを届けるための経路選択やネットワーク上で個々を識別するためのアドレス管理などを行います。IPアドレスという概念はこの層に位置付けられています。第4層のトランスポート層では、ネットワーク層から流れてきたデータの整列や誤り訂正などを行い、送受信されたデータの信頼性を確保します。TCPやUDPといったプロトコルは、この層に位置付けられています。第5層のセッション層では、通信の開始や終了といった通信プログラム同士の接続を管理し、通信経路の確立を行います。第6層のプレゼンテーション層では、圧縮方式や文字コードなどを管理し、アプリケーションソフトとネットワークとの仲介を行います。第7層のアプリケーション層では、通信を利用するために必要なサービスを人間や他のプログラムに対して提供されています。

関連用語

ネットワークプロトコル …… 36	TCP(Transmission Control Protocol) … 42
TCP/IP …… 38	UDP(User Datagram Protocol) … 44
IP(Internet Protocol) …… 40	IPアドレス …… 50

OSI参照モデルとは、ネットワークの基本構造を7つの階層に分けて標準化したものです。

送信側はアプリケーション層から物理層の順にデータを加工することで送信を行い、受信側では受け取ったデータを逆の順で加工することによってデータを復元します。

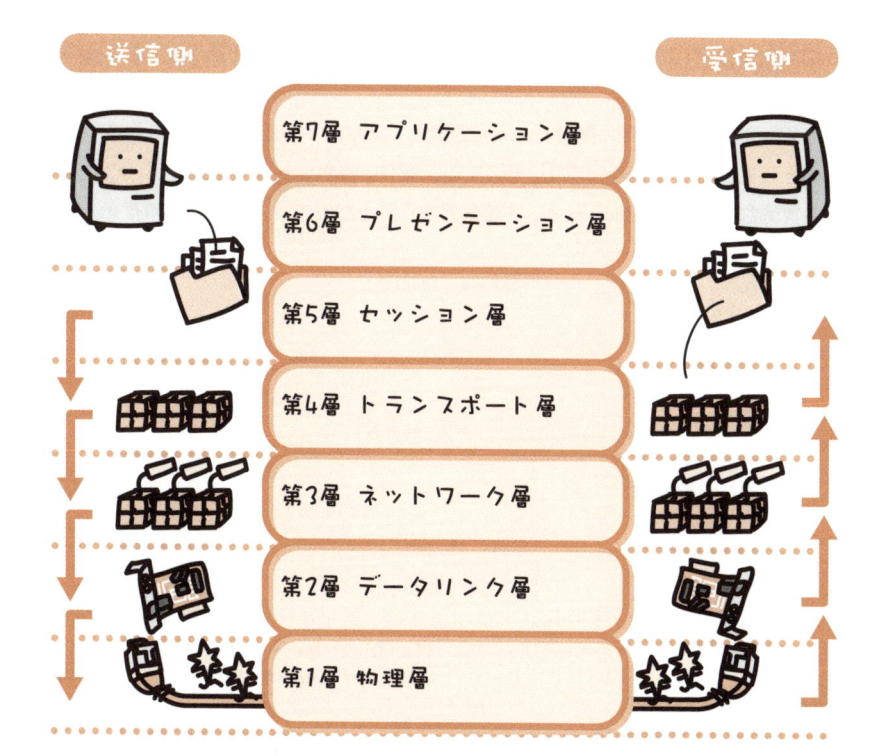

送信側		受信側
	第7層 アプリケーション層	
	第6層 プレゼンテーション層	
	第5層 セッション層	
	第4層 トランスポート層	
	第3層 ネットワーク層	
	第2層 データリンク層	
	第1層 物理層	

❷ OSI参照モデルとTCP/IP基礎編

ネットワークプロトコル

　ネットワークを通じてコンピュータ同士が情報をやりとりする手順、これをネットワークプロトコルと呼びます。

　たとえば私たち人間は、言葉を使って会話することができますが、この時お互いに用いる言語が異なってしまうと相手の言っていることは理解できなくなります。英語で話す人に日本語で答えても通じませんよね。それと同じことがコンピュータのネットワークにも言えるのです。

　つまりネットワークプロトコルとは、通信を行う手順を定めたものであると同時に、コンピュータ同士が会話するために必要な共通言語でもあると言えるのです。通信を行う手順というところは、身の回りにある電話や手紙に置き換えてみても良いでしょう。どういった手段で、どういった手順を踏んで、どんな言葉で情報を送るか、これらの決め事がプロトコルなのです。

　そして、その手段、手順、言葉といった役割りごとに、ネットワークプロトコルは階層構造として区分けされています。そのため、使用するネットワークサービスごとにそれぞれ最適なプロトコルの組み合わせを選択することができるようになるのです。

関連用語

OSI参照モデル ……………………… 34	TCP（Transmission Control Protocol）… 42
TCP/IP ……………………………… 38	UDP（User Datagram Protocol） …… 44
IP（Internet Protocol） ……………… 40	

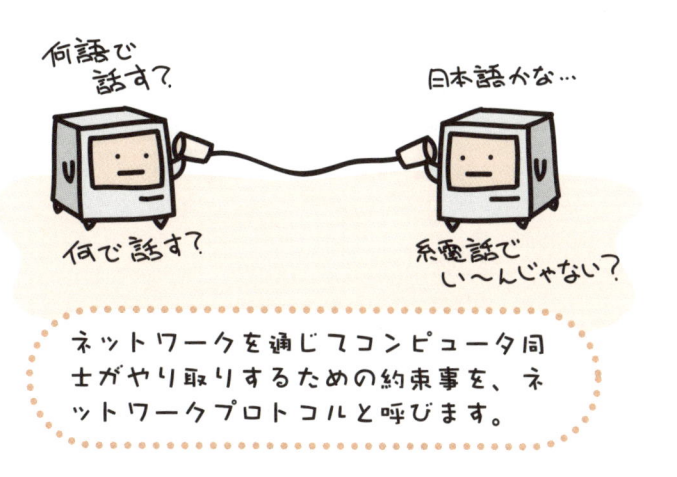

何語で話す？
日本語かな…
何で話す？
糸電話でい〜んじゃない？

> ネットワークを通じてコンピュータ同士がやり取りするための約束事を、ネットワークプロトコルと呼びます。

たとえば私たちが手紙をやり取りする際にも、色んな約束事があるように…。

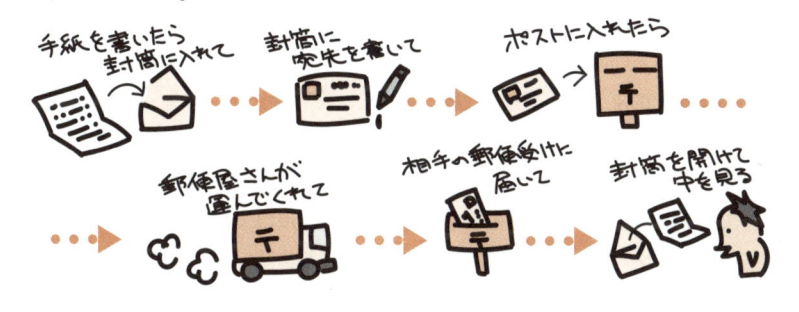

手紙を書いたら封筒に入れて → 封筒に宛先を書いて → ポストに入れたら → 郵便屋さんが運んでくれて → 相手の郵便受けに届いて → 封筒を開けて中を見る

コンピュータがデータをやり取りするのにも約束事があるわけです。

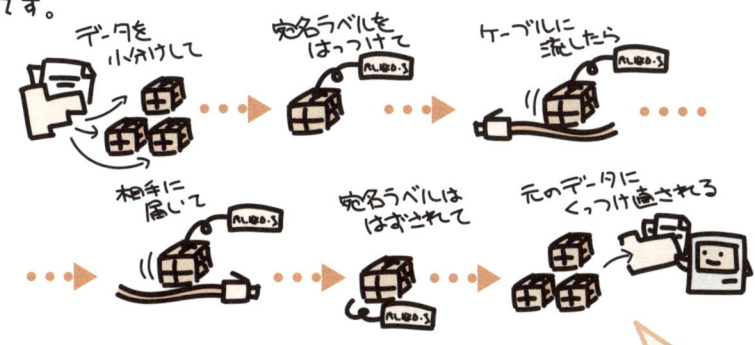

データを小分けして → 宛名ラベルをはっつけて → ケーブルに流したら → 相手に届いて → 宛名ラベルははずされて → 元のデータにくっつけ直される

> こうした約束事がネットワークプロトコルというわけで、用途に応じて様々なものが決められているのです。

② OSI参照モデルとTCP/IP基礎編

TCP/IP
（ティーシーピーアイピー）

　インターネットの世界において標準として用いられているネットワークプロトコルで、OSI参照モデル第3層（ネットワーク層）のIPを中心とした、複数プロトコルの集合体を総称してTCP/IPと呼びます。

　主に第4層（トランスポート層）のTCPとの組み合わせによって構成され、インターネット上のサービスとして代表的なWWWのHTTPなどは、このプロトコルを基盤として動作しています。

　通信上でやり取りされるデータは、パケットという単位に分けられて、個々に宛先住所（相手先IPアドレス）が付加されます。これがネットワーク上を、まるでベルトコンベアで流される荷物のように相手先まで届けられていくわけです。

　下位層となるIPでは、ネットワーク上における各機器のアドレス割り当てや、そのアドレスをもとにパケットを伝送する役割りを持ちます。簡単に言えば、機器の住所を定め、そこまでデータを届けるためのプロトコルというもので、先ほど言った宛先住所の付加や、ベルトコンベアという役割りを担うことになります。

　上位層となるTCPでは、このパケットの受信確認を行うことで、正しく順番通りにパケットが届けられることを保証します。これによって信頼性の高い、確実なデータ送受信が可能となるわけです。

　ただし受信確認やパケットの再送といった手順により、TCPはかなり重いプロトコルとなってしまいます。そのため、信頼性よりも処理の軽さや速度といった点を重視するUDPというプロトコルも用意されており、用途に応じて使い分けることができます。

関連用語

OSI参照モデル ……………………… 34	IPアドレス …………………………… 50
IP（Internet Protocol）…………… 40	Ethernet …………………………… 72
TCP（Transmission Control Protocol）… 42	WWW（World Wide Web）……182
UDP（User Datagram Protocol）… 44	HTTP（HyperText Transfer Protocol）…194
パケット ……………………………… 46	

TCP/IPとは、インターネットの世界で標準として用いられているネットワークプロトコルです。
IPを中心とした複数プロトコルの集合体を総称してこう呼んでいます。

基本となるIPでは、各機器を識別するためのIPアドレスという概念と、そのアドレスをもとにパケットを伝送するといった役割りを担当します。

これに、どのようにパケットを届けるべきかが定義された上位層のプロトコルを組み合わせることで通信が行われます。

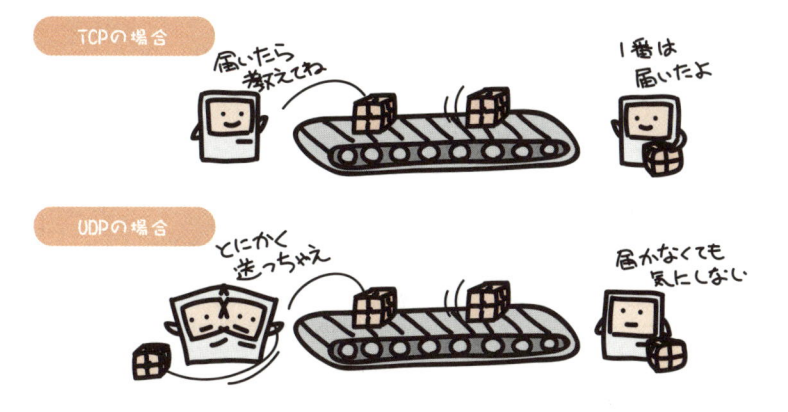

❷ OSI参照モデルとTCP/IP基礎編

アイピー
IP
(Internet Protocol)

　OSI参照モデルにおいて、第3層のネットワーク層に位置付けられているネットワークプロトコルで、ネットワーク上の機器に対するアドレス割り当てや、そのアドレスをもとにパケットを伝送する役割りを持ちます。簡単に言えば、各機器に住所を割り当てて、そこまでデータを送り届けるためのプロトコルといったものです。

　IPは、TCPやUDPといった上位層から送信データとなるパケットを受け取ると、IPヘッダという情報を付加し、ネットワークへ送り出します。IPヘッダとは、送信元と送信先のIPアドレスを中心とした情報の集まりで、パケットという小包に貼り付けられた荷札のようなものです。ネットワーク上を流れるパケットは、この荷札をもとに正しい宛先へ送られていくのです。

　また、IPには経路を選択する方法についても定義されており、これにより複数のネットワークをまたいだ通信も可能にしています。実際には、LANと外部のネットワークとを接続する機器であるルータが、このIPの経路選択(ルーティング)をサポートしており、このルータから宛先の属するネットワークのルータへとパケットが送出されていくことで、目的地へ辿り着くようになっているのです。

　このような機構によって世界規模でネットワークを相互に接続したものが、現在脚光を浴びているインターネットです。

関連用語

OSI参照モデル ･･･････････････････ 34	LAN(Local Area Network) ･････････ 62
TCP(Transmission Control Protocol) ･･･ 42	ルータ ･････････････････････････ 124
UDP(User Datagram Protocol) ･･･ 44	インターネット(Internet) ･････････ 176
パケット ･････････････････････････ 46	WWW(World Wide Web) ･････････ 182
IPアドレス ･･･････････････････････ 50	HTTP(HyperText Transfer Protocol) ･･･ 194

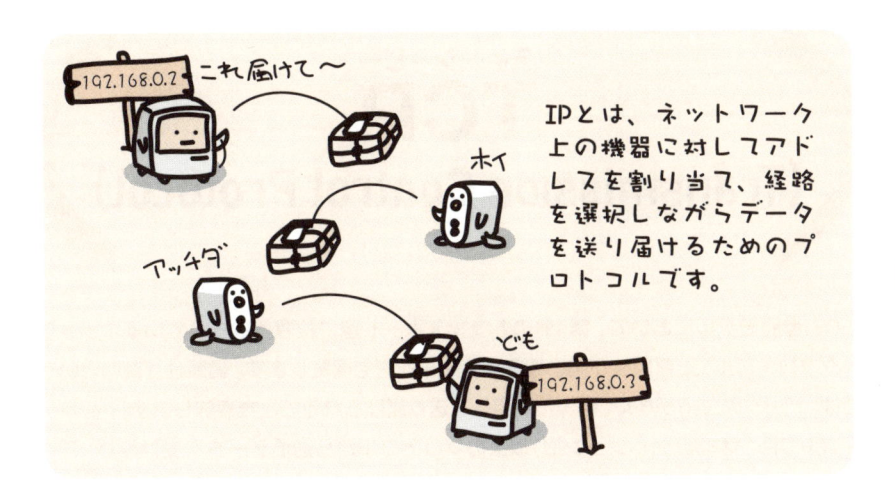

IPとは、ネットワーク上の機器に対してアドレスを割り当て、経路を選択しながらデータを送り届けるためのプロトコルです。

このプロトコルでは、各コンピュータを識別するために、IPアドレスを用います。

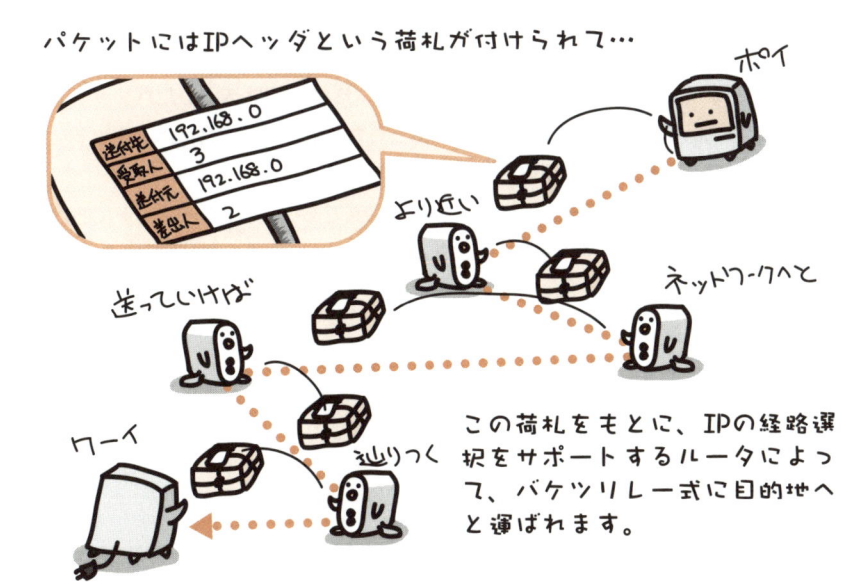

パケットにはIPヘッダという荷札が付けられて…

この荷札をもとに、IPの経路選択をサポートするルータによって、バケツリレー式に目的地へと運ばれます。

TCP
(Transmission Control Protocol)
ティーシーピー

　OSI参照モデルにおいて、第4層のトランスポート層に位置付けられているネットワークプロトコルで、信頼性が高い確実なデータ通信を保証します。信頼性が高いというのは、データの欠損がなく、確実に相手へと送り届けられることを意味します。

　TCPでは、第5層(セッション層)以上のプロトコルから通信データを受け取り、これをパケットに分割します。そしてそのパケットを第3層(ネットワーク層)のIPへと渡し、相手へ送り届けるのです。

　このパケットが送出した順序通りに送り届けられれば良いのですが、実際にパケットの送信を行うIPでは、そのような保証がありません。そのため、ネットワークの混雑状況によってはパケットの欠損や、遅延による順序の入れ替わりといったことが起こり得ます。

　これに対し、TCPではいくつかの手法によってデータ通信に信頼性を持たせています。

　まず、通信データをパケットへ分割する際にはシーケンス番号を付加しておき、受信側でこの番号をチェックし、必要であれば並び替えを行ってパケットの並びが正しいことを保証します。また、受信側からは必ず受信したことを示す通知パケット(ACKパケット)が送信側へと送り返されます。これによって、送信側では送出したパケットが届いたか否かを判断することができ、一定時間待っても返事がない場合にはパケットを再送出することで、欠損を防ぐ仕組みとなっているのです。

　現在は、このTCPとIPを組み合わせたTCP/IPが主流であり、インターネットにおける各種サービスの基盤として活用されています。

関連用語

OSI参照モデル …… 34	UDP(User Datagram Protocol) …… 44
TCP/IP …… 38	パケット …… 46
IP(Internet Protocol) …… 40	インターネット(Internet) …… 176

TCPとは、信頼性の高い、確実なデータ通信を実現するためのプロトコルです。パケットの欠損に対する保証がないIPの上位層として、保証機構を付加します。

TCPで送るパケットには、分割した順に番号が割り振られています。

パケットを受け取った側は、その証としてこの番号を送り返します。

このようにTCPでは、パケットごとに受信確認が行われて、通信の信頼性が保たれるようになっているのです。

UDP
（User Datagram Protocol）
ユーディーピー

　OSI参照モデルにおいて、第4層のトランスポート層に位置付けられているネットワークプロトコルで、コネクションレス型（データグラム型）の通信機能を提供します。コネクションレス型とは、情報を今から送りますよということを相手に通知せず、いきなり送信してしまう方法です。そのため通信の信頼性は低くなりますが、TCPとは違ってプロトコル自体の処理が軽く済むため、高速であるという特徴を持ちます。

　UDPは第3層（ネットワーク層）のIPを、第5層（セッション層）以上のプロトコルから直接使えるようにするための橋渡し役と言えます。上位層のアプリケーションから受け取ったデータをパケットに分割してIPによって送出するだけ、TCPのように受信確認を行ったりということはしません。当然のことながら、パケットが届いたかは送信側ではわかりませんし、実際にネットワークの状況によっては届かないということも起こり得ます。

　そういった信頼性で劣る面と処理の軽さとを天秤にかけて、主に小さなサイズのパケットをやり取りするだけで済んでしまうアプリケーションや、時間的連続性が重要となるアプリケーションで利用されるプロトコルです。前者はたとえばDNSやDHCPといったサービスであり、後者は音声通話や動画配信など、多少音がブツブツいったとしても時間的な連続性が重要視されるアプリケーションです。

関連用語

OSI参照モデル	34	TCP（Transmission Control Protocol）	42
TCP/IP	38	パケット	46
IP（Internet Protocol）	40		

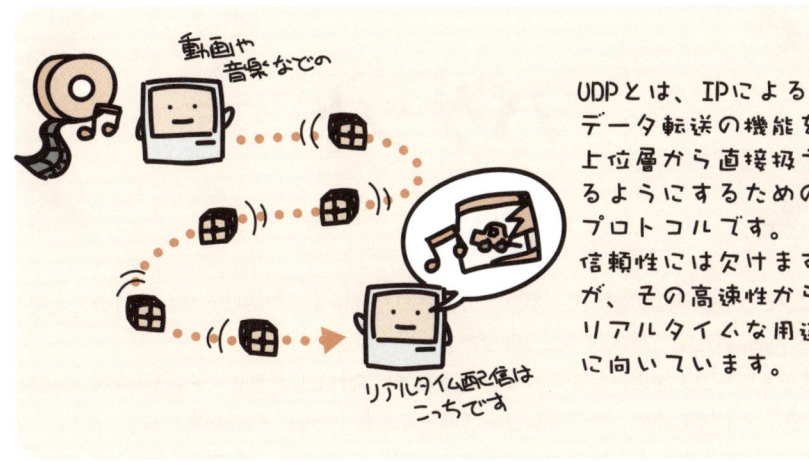

UDPとは、IPによるデータ転送の機能を上位層から直接扱えるようにするためのプロトコルです。信頼性には欠けますが、その高速性からリアルタイムな用途に向いています。

UDPでは、単純にパケットを送りつけることしか行いません。

そのため、途中でパケットが紛失されたとしても知らんぷりです。

しかし動画配信のように、途中のコマ落ちよりもリアルタイムであることが重視される用途には有効なプロトコルです。

❷ OSI参照モデルとTCP/IP基礎編

パケット

　コンピュータ通信において、小さく分割された通信データのひとかたまりのことで、小包（packet）という意味からこう呼びます。

　ネットワーク上を大きなデータが分割されずに流れてしまうと、そのデータのみで回線が占有されてしまい、他の機器が一切通信できないという問題が生じます。そのため通信データをパケットという単位に小さく分割して、回線を共有できるようにしているのです。このようにデータをパケットに分割して送受信する通信のことをパケット通信と呼んでいます。

　パケットには必ず送信元や送信先のアドレスといった属性情報が付加されています。この情報は小包に貼り付ける荷札のようなものであり、この荷札をもとにパケットはネットワーク上を正しい宛先へと運ばれていくのです。

　パケットに付加される情報には、そのパケットが使用するネットワークプロトコルに関しても記載されています。これにより、同一のネットワーク回線上でも複数のネットワークプロトコルが混在して利用することができるのです。

　お客さま（アプリケーション）が運びたい荷物（通信データ）を小さな小包（パケット）に分割し、小包には紛失しないよう荷札をつける。この時、荷札にはその小包の配送を担当する業者（ネットワークプロトコル）指定のものを利用する。そんなイメージを想像するとわかりやすいでしょう。

関連用語

ネットワークプロトコル……………… 36　　IPアドレス ……………………………… 50

> パケット
>
> パケットとは、コンピュータ通信において通信データを小さく分割したひとかたまりのことです。
> 小包（packet）という意味からこう呼びます。

通信路上を1秒間に流せるデータ量は、ネットワークの規格ごとに決まっています。

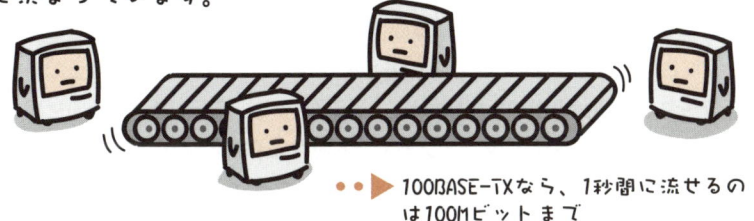

▶ 100BASE-TXなら、1秒間に流せるのは100Mビットまで

そのため大きなデータをそのまま流してしまうと、それ以外のコンピュータはその間一切通信が行えません。

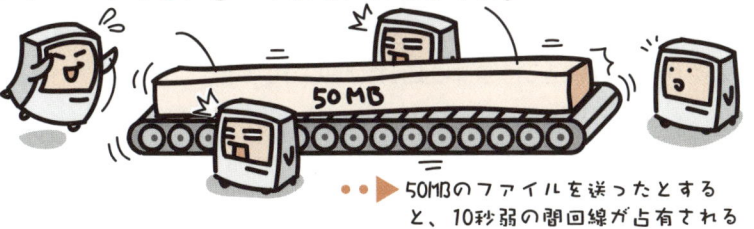

▶ 50MBのファイルを送ったとすると、10秒弱の間回線が占有される

これを避けるために、データを小さなパケットに小分けして流し、通信路を共有できるようにしているのです。

❷ OSI参照モデルとTCP/IP基礎編

（ ノード ）

　ネットワークに接続されているネットワーク機器や、ネットワークの接続ポイントを総称してノードと呼びます。ネットワークに接続されたコンピュータはもちろん、集線装置であるハブ、ネットワーク間を接続するルータなどもすべて「ノード」です。

　ノード（node）という言葉を辞書で引くと、「集合点」「節」といった意味を持つことがわかります。つまり、ネットワークケーブルの接続点や分岐部分といった箇所がノードという意味になるわけです。ところが、実際にはネットワーク上に接続されている機器といった意味合いで利用されていることの方が多く、たとえば10ノードと言った場合には、ネットワーク上に10台の機器が接続されているということを示します。そのため、「ネットワーク上に存在する機器」はすべてノードだと覚えてしまえば良いでしょう。

　ネットワークの用語をひもといた時には必ず目にする言葉であり、耳慣れないために難解な印象を受ける用語の1つでもあります。実際にはネットワーク上でパケットをやり取りするのはコンピュータに限らず、ハブやルータといった機器に対してもやり取りがなされるために、それらを総称する言葉として用いているにすぎません。

　「ノード間でパケットを送受信する」と言った場合には、ネットワーク上の機器間でパケットがやり取りされるという意味に捉えれば良いでしょう。

関連用語

パケット	…… 46	ルータ	…… 124
ハブ	…… 126		

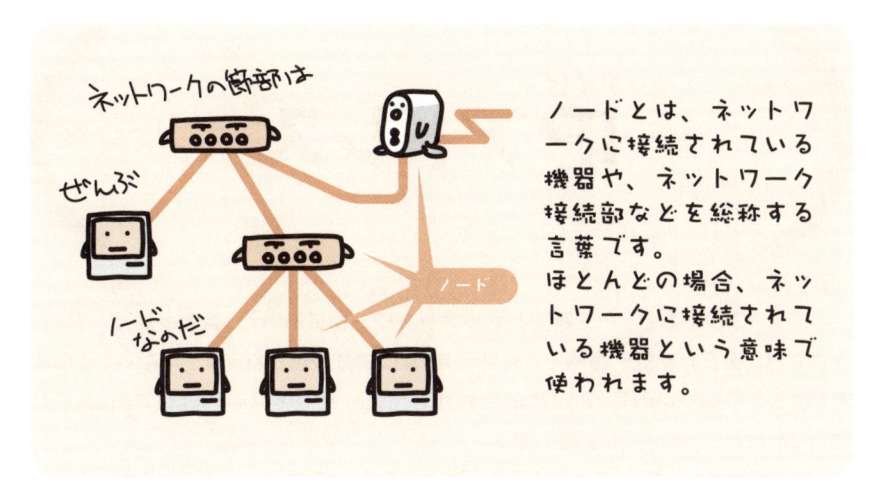

ノードとは、ネットワークに接続されている機器や、ネットワーク接続部などを総称する言葉です。
ほとんどの場合、ネットワークに接続されている機器という意味で使われます。

多くの場合、ネットワークでは直接コンピュータ同士が対話することは珍しく、間に何らかの機器が介在することになります。

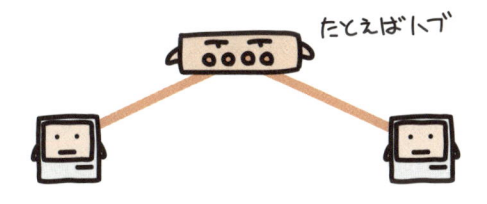

すると通信パケットは、直接コンピュータ間で受け渡しが行われるのではなく、双方のコンピュータとハブとの間で行われるわけです。

ノードとは、こうした雑多な機器が混在するネットワーク環境において、それらを一口で言い表すための総称なのです。

IPアドレス
（アイピー）

　インターネットなど、IPを基盤とするネットワークにおいて、各コンピュータ1台ずつに割り振られた識別番号で、32bitの数値により表現されます。ただし、そのままではわかりにくいので、8bitごとの4つに分割し、それぞれを10進数で表記して、192.168.0.1といったように記述します。

　この番号はネットワーク上の住所を示すようなものです。私たちが普段用いている宛名表記を、コンピュータ用にデジタルの数値として表したものと思えば良いでしょう。実際、IPアドレスの内容はネットワークごとに分かれる「ネットワークアドレス」部と、そのネットワーク内におけるコンピュータを識別するための「ホストアドレス」部との組み合わせで構成されます。これは、宛名書きで言うところの住所と名前に相当するものです。

　ネットワーク上を流れるパケットには、必ず送信元と送信先のIPアドレスが属性情報として付加されます。これは小包に貼り付けられた荷札のようなもので、この荷札に記載された宛先、つまりIPアドレスの持ち主に対してパケットは送り届けられるのです。

　このように、通信を行う際に相手を特定するため必須となる番号ですから、当然個々のコンピュータに割り振られる値が重複してはいけません。しかし32bitの値で表現することから自ずと表現できる値の範囲が決まってしまい、現在はこの数が足りなくなるかもしれないといった懸念が出てきています。そのため次世代の規格として、128bitの値で表現するIPv6の標準化が進められています。

関連用語

IP（Internet Protocol） ……… 40	グローバルIPアドレス ……… 82
パケット ……… 46	インターネット（Internet） ……… 176
プライベートIPアドレス ……… 84	IPv6（Internet Protocol Version 6） ……… 58

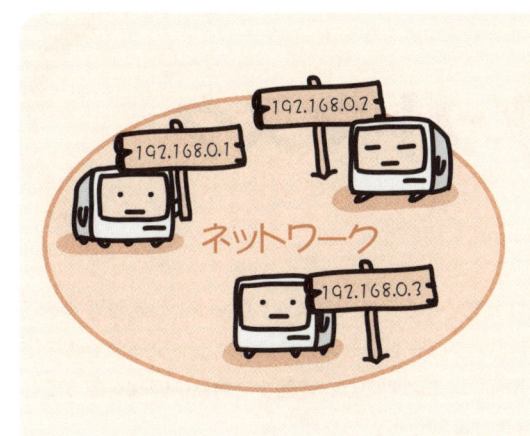

IPアドレスとは、ネットワーク上で各コンピュータを識別するために割り当てる32bitの数値です。
通常は8bitずつで4つに区切り、それを10進数で192.168.0.1というように表記します。

ネットワークでデータをやり取りするには、このIPアドレスを宛先として使用します。

IPアドレスの内容は、ネットワーク単位で分けるネットワークアドレスと、その中でコンピュータを識別するホストアドレスとに分かれます。

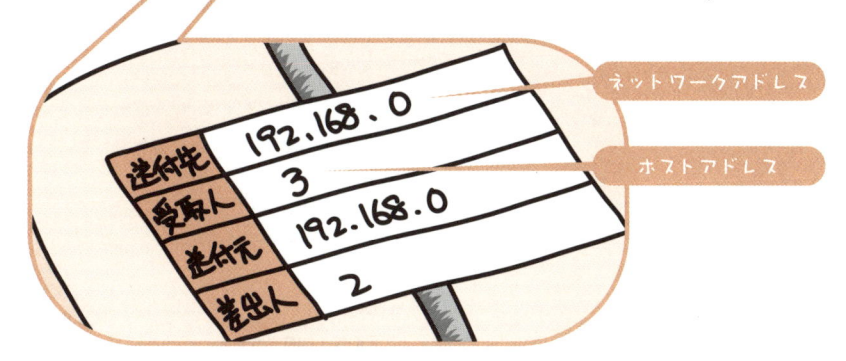

送付先	192.168.0	ネットワークアドレス
受取人	3	ホストアドレス
送付元	192.168.0	
差出人	2	

サブネットマスク

　ネットワークが大規模なものになってくると、単一のネットワークとして管理することが事実上難しくなってきます。特に、ブロードキャストというネットワーク全体に向けて発信するデータ転送が生じた場合、本来必要のない範囲まで無駄に回線を使ってしまうことになり、ネットワーク全体の効率悪化へとつながります。

　そこで、たとえば事業所や事業部といった単位でネットワークを論理的に分割してしまうことにより、こうした弊害を避けることになります。これがサブネットで、本来単一であるはずのネットワークを小さな単位に分割したものを指します。

　サブネットマスクとは、このサブネットを表現するための値で、IPアドレスの上位何bitまでをネットワークアドレスとして使用するか定義するために用います。IPアドレスとはネットワークを識別するネットワークアドレス部と、そのネットワーク上のコンピュータを識別するホストアドレス部に分けることができます。サブネットマスクによって、このホストアドレス部分の数bitをネットワークアドレス部と定義しなおすことにより、単一のネットワーク配下をサブネットとして区切ることができるのです。

　たとえば172.16.0.0〜172.16.255.255という範囲のIPアドレスを用いるネットワークでは、上位16bitまでがネットワークアドレス部にあたります。これに対して255.255.255.0というサブネットマスクを指定すると、上位24bitまでをネットワークアドレスとして定義したことになります。これによって、172.16配下のネットワークは、172.16.0〜172.16.255という256個のサブネットに分けられるのです。

関連用語

IPアドレス	50	プライベートIPアドレス	84

ネットワークを分割すると…

本来のネットワーク
サブネット

ブロードキャストパケットによる
ネットワーク全体の効率悪化が
回避できるのです

本来は1つのネットワークを、論理的に複数のネットワークへ分割したものをサブネットと呼びます。
サブネットマスクとは、このサブネットを表現するための値です。

サブネットマスクは各ビットの値によって（1がネットワークアドレス、0がホストアドレス）、IPアドレスのネットワークアドレス部とホストアドレス部とを再定義することができます。

10進表記例	255.	255.	255.	0
2進表記例	11111111.	11111111.	11111111.	00000000

←ネットワークアドレス部→ ←ホストアドレス部→

たとえばクラスB（先頭16ビットがネットワークアドレス）のネットワークに前述のサブネットマスクを適用すると、ネットワークを256個に分割することができます。

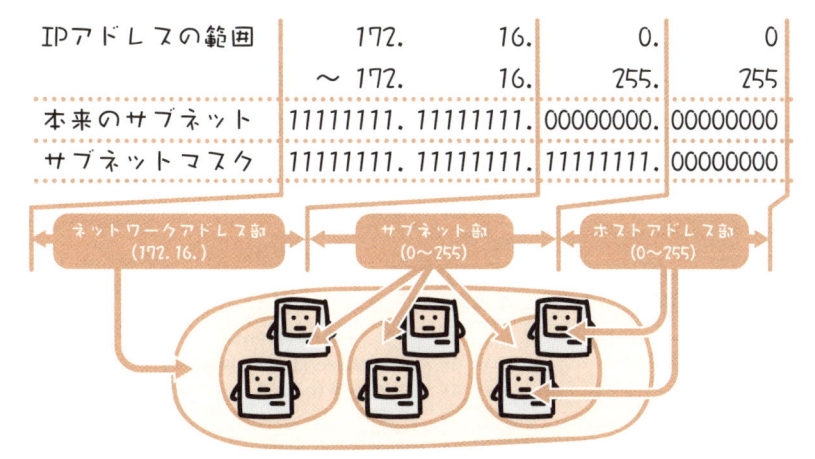

IPアドレスの範囲	172.	16.	0.	0
～	172.	16.	255.	255
本来のサブネット	11111111.	11111111.	00000000.	00000000
サブネットマスク	11111111.	11111111.	11111111.	00000000

ネットワークアドレス部（172.16.） サブネット部（0～255） ホストアドレス部（0～255）

❷ OSI参照モデルとTCP/IP基礎編

ポート番号

　TCP/IPの世界においては、IPアドレスをもとに通信を行います。それは良いのですが、コンピュータ上では複数のプログラムが動いているのが当然であり、それらが同時に通信を行っていることも考えられます。しかしIPアドレスでは、ネットワーク上でどこに存在するコンピュータであるかまではわかりますが、そのコンピュータ上のどこへパケットを届ければ良いかということはわかりません。

　ポート番号とはまさにそのために利用される番号のことです。

　ポートというのは接続口という意味に捉えれば良いでしょう。ネットワークに対する接続口として、ポート番号には0～65,535までの数値を適用することができます。ネットワーク上で通信を行う場合、プログラムはネットワークへの接続口としてポートを開き、目的とする相手先IPアドレスのポートに向けてパケットを送信したり、受信したりすることになるのです。

　私たちが普段利用しているインターネット上のサービス、たとえばWWWであったり電子メールであったりですが、これらを利用する際にも実はポート番号を指定して、相手サーバにリクエストしています。とはいえTCP/IPではあらかじめプログラムごとに定められたポート番号というものがあり、通常はそのポート番号を用いて通信を受け付けています。そのため私たちが毎回ポート番号まで指定するという手間は省かれているわけです。

　そのような理由から通信に必須の番号でありながら、非常に影の薄いポート番号ですが、実際には必ずIPアドレスと1セットで用いられる重要な番号なのです。

関連用語

クライアントとサーバ	16	インターネット(Internet)	176
TCP/IP	38	WWW(World Wide Web)	182
パケット	46	電子メール(e-mail)	188
IPアドレス	50		

ポート番号とは、プログラムの接続口です。IPアドレスが示すコンピュータの、「どのポート番号へ」パケットを届けるかによって、どのサービスと通信を行うのかが決定されます。

通常、コンピュータ上では複数のプログラムが動いています。

IPアドレスでは、宛先となるコンピュータは特定できても、その上のプログラムまでは特定できません。

そこで、プログラム側では0〜65,536までの範囲で自分専用の接続口を設けて待っています。

この番号が「ポート番号」なのです。

❷ OSI参照モデルとTCP/IP基礎編

ドメイン

　インターネット上に存在するコンピュータの所属を示すもので、これを用いてコンピュータやネットワークの住所をあらわしたものをドメイン名と呼びます。たとえばインターネットのホームページアドレスや、電子メールアドレスといったものには、必ずgihyo.co.jpというような文字列が付いています。この部分がドメインであり、そういった組織に属しているという意味を持ちます。ネットワーク上の住所と言うとIPアドレスが思い浮かびますが、ドメイン名とはIPアドレスと対になるものです。というのも、IPアドレスは数字の羅列ですので表記そのものに意味を持たず、非常に覚えにくいものでした。そのため、これを人間に覚えやすい表記によってあらわしたものがドメイン名なのです。

　たとえば、本書の発行元である技術評論社のホームページですが、これは219.101.198.19というIPアドレスを持つコンピュータ上で公開されています。本来であれば、このIPアドレスをWWWブラウザに指定することで、ホームページを閲覧することになるのです。けれどもこれでは覚えづらいですよね。しかも、指定した値が間違っていた場合、いったいどの番号が間違っていたかというのもきっとわからないでしょう。

　そこで、ドメイン名が活きてくるわけです。上記の例で言えば、www.gihyo.co.jpというドメイン名が219.101.198.19というIPアドレスと対応付けられており、これによって分かりづらい数字の羅列ではなく、意味を持った文字列によりアドレスを指定することができるのです。人間に覚えやすい表記を用いてネットワーク上の住所をあらわすという特徴から、ドメイン名は実際の住所をあらわすのにも似た階層構造を持っています。

　「.」で区切られた右側から広い範囲の所属をあらわしており、jpの部分が国、coの部分が組織の種類、gihyoの部分が組織の名前、そしてwwwがコンピュータ名となります。つまり意味としては「日本の企業でgihyo(技術評論社)という組織にあるwwwという名前のコンピュータ」ということになるのです。

関連用語

クライアントとサーバ ……………… 16	WWW(World Wide Web) ……… 182
IPアドレス ……………………………… 50	電子メール(e-mail) ………………… 188
インターネット(Internet) ………… 176	

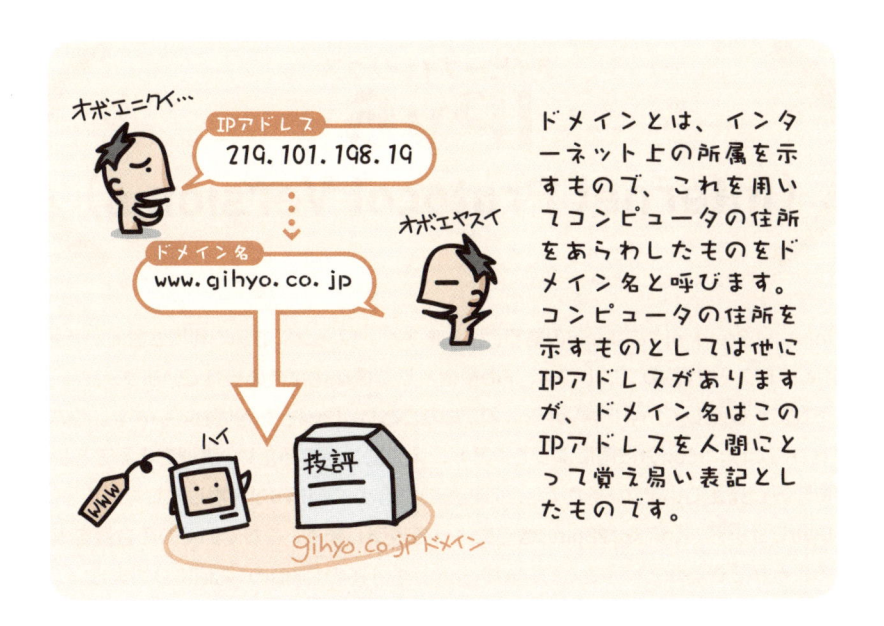

ドメインとは、インターネット上の所属を示すもので、これを用いてコンピュータの住所をあらわしたものをドメイン名と呼びます。コンピュータの住所を示すものとしては他にIPアドレスがありますが、ドメイン名はこのIPアドレスを人間にとって覚え易い表記としたものです。

ドメイン名は、実際の住所にも似た階層構造を持っています。

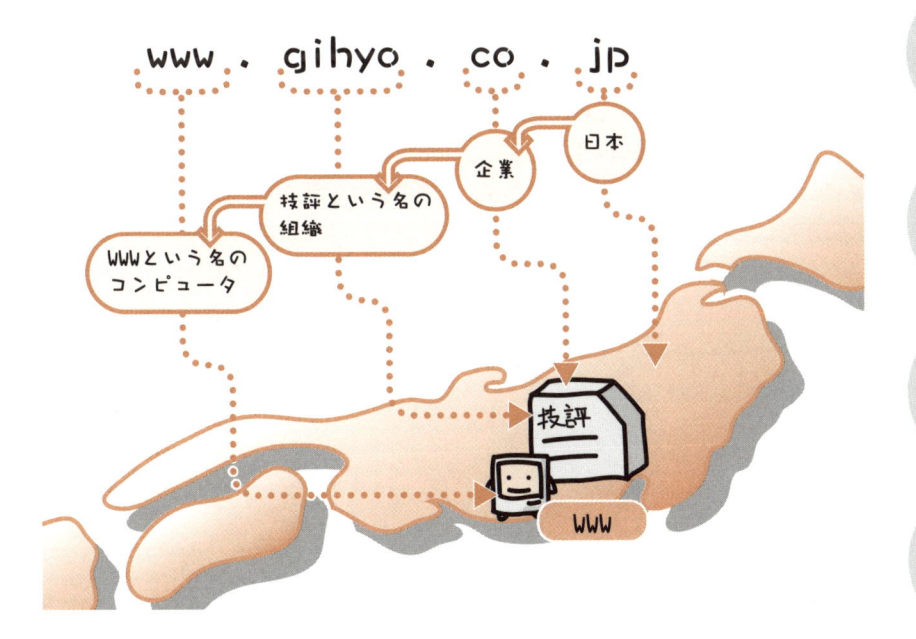

IPv6
(Internet Protocol Version 6)
アイピーブイシックス

　Internet Protocol Version 6の略で、TCP/IPネットワークにおいて利用されている第3層（ネットワーク層）のプロトコル、IPの後継として標準化が進められています。

　現在広く普及しているIPはVersion 4のものであり、IPv4とも呼ばれています。このプロトコルでは、32bitの数値によってIPアドレスを割り当てるため、表現できるアドレス数に限界が見えています。そこで、この問題に対処すべくIPv6が登場しました。

　IPv6ではIPアドレスを128bitの数値によって表現します。これでいくつの数値を表現することができるかというと、約340潤（かん）個、1兆の1兆倍の1兆倍よりも大きい、実質無限といって良い個数です。IPv4の32bitで表現できる個数が約43億個ですから、飛躍的に増大したと言えます。

　全世界の人口よりはるかに大きい、このような広大な個数にした理由は、IPv6ではコンピュータのネットワークに留まらず、各種家電製品にもIPアドレスを付加して相互に接続できる環境を考慮したことにあります。これによって家電を含むあらゆる機器が相互に接続され、コントロール可能になる世界を実現しようとしているのです。

　次世代ということもあり、IPv6では他にも様々な見直しが図られています。膨大な個数となるIPアドレスの管理に関しては、その数値に対して電話番号さながらに階層構造を持たせることで、現在のIPv4よりも逆に管理の手間を削減しています。また、IPレベルに暗号化/復号化機能を持たせることでセキュリティにも留意し、通信上で付加されるヘッダ構造の見直しを図ることで通信の効率化も実現されているのです。

関連用語

TCP/IP ……… 38	IPアドレス ……… 50
IP (Internet Protocol) ……… 40	インターネット (Internet) ……… 176

IPv4

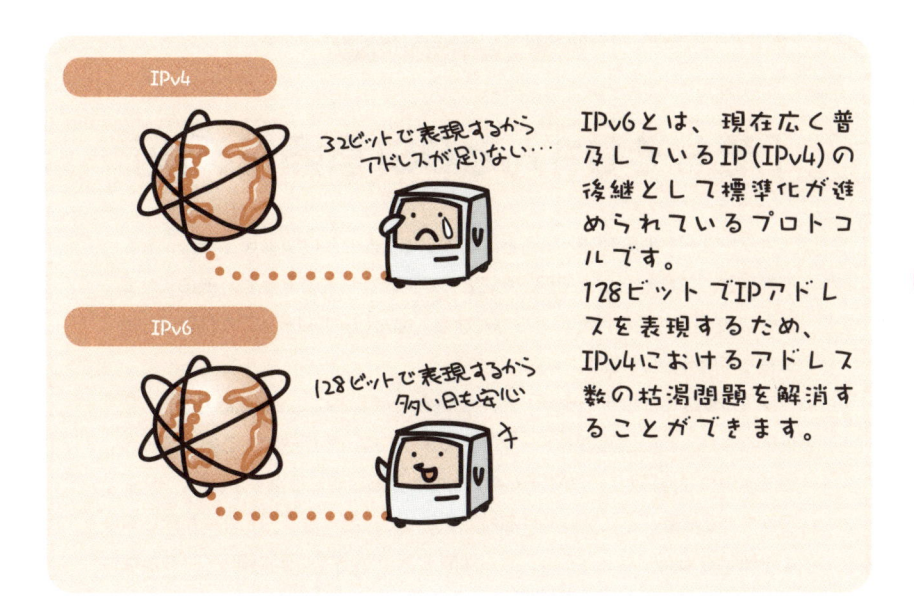

32ビットで表現するからアドレスが足りない…

IPv6

128ビットで表現するから多い日も安心

IPv6とは、現在広く普及しているIP（IPv4）の後継として標準化が進められているプロトコルです。
128ビットでIPアドレスを表現するため、IPv4におけるアドレス数の枯渇問題を解消することができます。

IPv6の世界では、実質無限大とも言える個数のIPアドレスを発行することができます。

▶ 家電を含むあらゆる機器にIPアドレスを割り当てて、それらをコントロール可能にする環境を想定しているのです。

column

「そもそもさんとOSI参照モデル」

　ネットワークのお勉強というと、必ず出てくるのがOSI参照モデル。なんですけど、これ知らなくて困ったことって正直ないんですよね。そのくせ真っ先に説明されてわけがわからなくなる、なんじゃこりゃってのが偽りない気持ちであったりします。

　ファイルなんかのデータが、どんな具合にバラされて、電気信号として伝えられるか、その過程がイメージできるようになってからは、このモデルの意味というか意義というか、そんなこともわかるようにはなりました。あ〜、こうやって階層ごとに切り分けられてることで、色んなプロトコルが差し替え可能になるんだぁってね。でも階層モデルが出てくる書籍って、みんな大上段から解説していて、パケットやLANケーブルなんかとのつながりがいまいち把握できない。そんなわけでどうにも数学の公式を目の前に突きつけられたような、なんとも言えない居心地の悪さを感じるわけですよ。

　不思議なことに技術者さんだとこのモデルをとても好きな方というのが存在するようで、「そもそも〜」なんてしゃべり出し方が好きな人に質問すると、OSI参照モデルを引き合いに出して語ってくれたりします。「そもそも物理層に位置する○○が○○することによって〜」ってな感じですね。言われた方はたまったもんではないですけど。

　そんなわけで、本書では嚙み砕かれていく過程を絵であらわしてみました。少しはとっつきづらさを解消できたんではないかなぁなどと思っているのですが、いかがでしょうか。

3章

ローカル・エリア・ネットワーク編

❸ ローカル・エリア・ネットワーク編

LAN
ラン
(Local Area Network)

　LANとはローカル・エリア・ネットワークの略で、事業所やビル内といった比較的狭い範囲のコンピュータを専用のケーブルで接続し、ネットワーク化したものを示します。最近では家庭でもこうしたネットワークを構築する例は多く、その場合は家庭内LANやホームネットワークといった言葉が用いられています。

　LANには接続の形態によってスター型、バス型、リング型という3つの種類が存在し、その通信を制御する方法にもEthernet、FDDI、Token Ringなどといった種類があります。現在ではEthernetによるスター型LANが主流となっています。

　LANを利用することのメリットは、複数台あるコンピュータの有効活用という点にあります。

　LANが構築されていない、つまりネットワーク化されていない環境では、コンピュータ同士で直接データのやり取りをする術がありませんでした。作成した文書は一旦フロッピーディスクなどに移し、それを他のコンピュータに持っていって読み込ませる必要があったのです。

　LANが構築されている環境では、こうした不便さはすべて解消されます。

　文書や画像に限らず、コンピュータ上の電子データはすべてLANを通じて相互にやり取りできるようになり、プリンタやDVD-R/RWドライブといった周辺機器も、ネットワークを介して他のコンピュータから扱えるようになります。

　こうしたメリットから、複数台のコンピュータを利用している環境では、オフィスや家庭といった枠に関係なくLANが利用されるようになってきているのです。

関連用語

スター型LAN	66	Ethernet	72
バス型LAN	68	Token Ring	74
リング型LAN	70		

事業所やビル内など、比較的狭い範囲のコンピュータ同士をつなぎ、ネットワーク化したものをLANと呼びます。

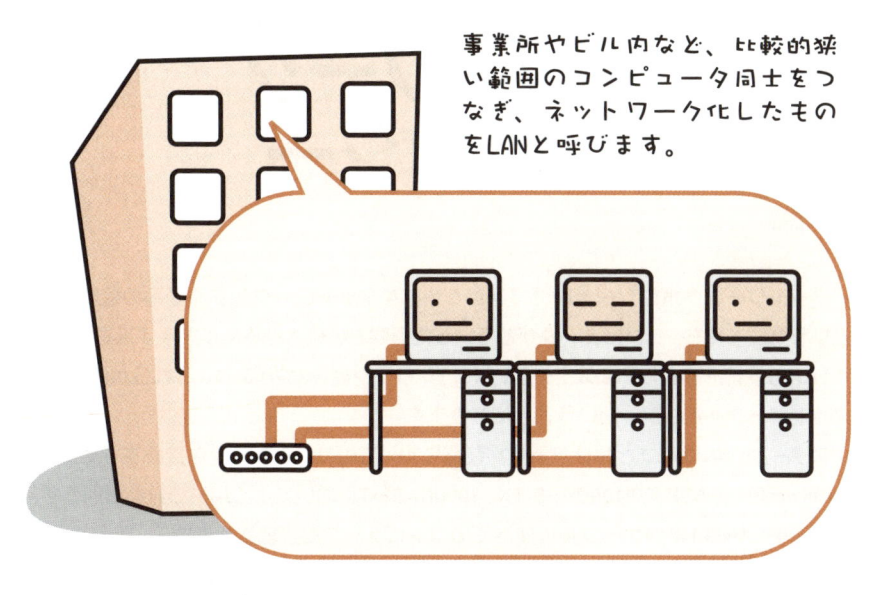

LANでつながれたコンピュータ間では…

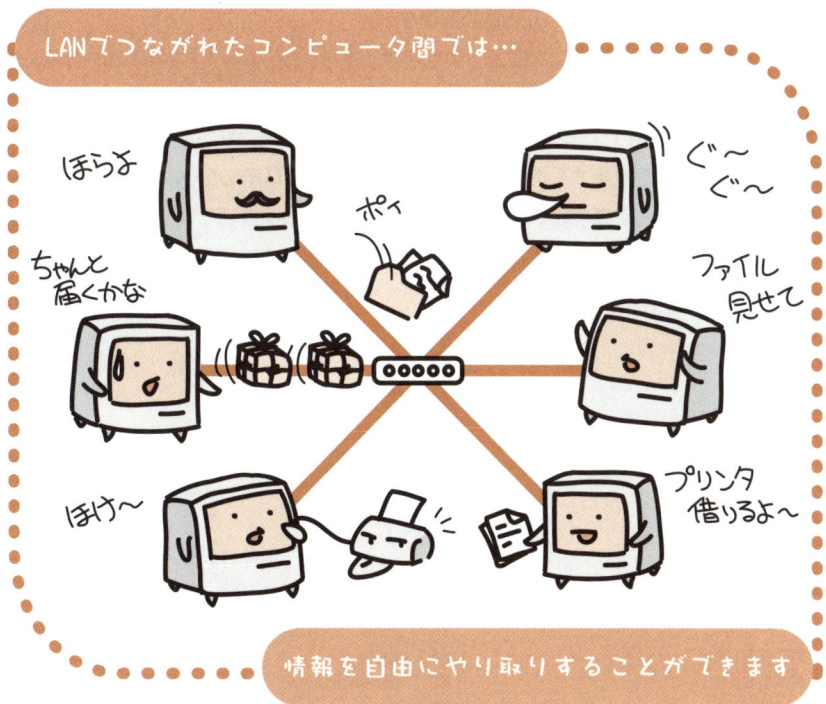

ほらよ / ポイ / ぐ〜ぐ〜 / ちゃんと届くかな / ファイル見せて / ほけ〜 / プリンタ借りるよ〜

情報を自由にやり取りすることができます

3 ローカル・エリア・ネットワーク編

ネットワーク
トポロジー

　ネットワークトポロジーとは、「コンピュータをネットワーク化する場合の接続形態」という意味を持ち、コンピュータがどういった形態で接続されるのかを示す用語です。

　LANの接続形態としてはスター型、バス型、リング型の3つがあり、これらが代表的なネットワークトポロジーということになります。

　スター型LANはハブと呼ばれる集線装置にすべてのコンピュータを接続する形態で、Ethernetの10BASE-Tや100BASE-TX、1000BASE-Tにおいてよく用いられる形態です。

　バス型LANは1本のケーブルにすべてのコンピュータを接続する形態で、そのケーブル両端にはターミネータと呼ばれる終端装置がついています。この方式はEthernetの10BASE-2や10BASE-5において用いられます。

　リング型はリング状に各コンピュータを接続する形態で、Token Ringにおいて用いられます。

　ネットワークトポロジーとは、こうした各種接続形態を総括して述べる言葉であり、ある特定の接続形態を示すものではありません。たとえば「そのLANはどういったネットワークトポロジーで構成されてますか？」という使用法は適切ですが、「このLANはネットワークトポロジーで構成されています」という使用法だと、適切ではありません。

関連用語

スター型LAN	66	ハブ	126
バス型LAN	68	Ethernet	72
リング型LAN	70	Token Ring	74

「ぼくたち どーやって」
「つながれば」
「い〜んだろね…」

> コンピュータがどういった形態で接続されるのかを示す言葉がネットワークトポロジーです。

次の3つが代表的なトポロジーです。

スター型

ハブを中心にすべてのコンピュータを接続する形態です。

バス型

1本のケーブルにすべてのコンピュータを接続する形態です。

リング型

リング状にすべてのコンピュータを接続する形態です。

❸ ローカル・エリア・ネットワーク編

スター型LAN(ラン)

　ネットワークの接続形態を示す用語の1つで、ハブと呼ばれる集線装置を中心として各コンピュータを接続する方式です。中心のハブから星状に線が伸びていくことから、この名前が付いています。

　Ethernetの10BASE-Tや100BASE-TX、1000BASE-Tにおいてよく用いられる形態で、現在ではこの方式が主流となっています。

　ハブが通信を中継する役割りを持つために、ネットワークに接続されているコンピュータが故障しても、その障害が他のコンピュータにまで及ぶことはありません。その場合でも故障したコンピュータだけが切り離された状態となり、ネットワーク全体としては正常に通信を行うことができるという特徴を持ちます。ただし、ハブが故障した場合にはそこで通信経路が遮断されることになってしまうため、この場合にはネットワーク全体が通信不良を引き起こすことになります。

　他の接続形態であるバス型やリング型のネットワークと比較して配線の自由度が高く、ハブ同士を連結することで階層構造を作ることもできます。そのため、この方式ではネットワーク全体を階層化して管理することができます。

関連用語

バス型LAN	68	ハブ	126
リング型LAN	70	Ethernet	72

066

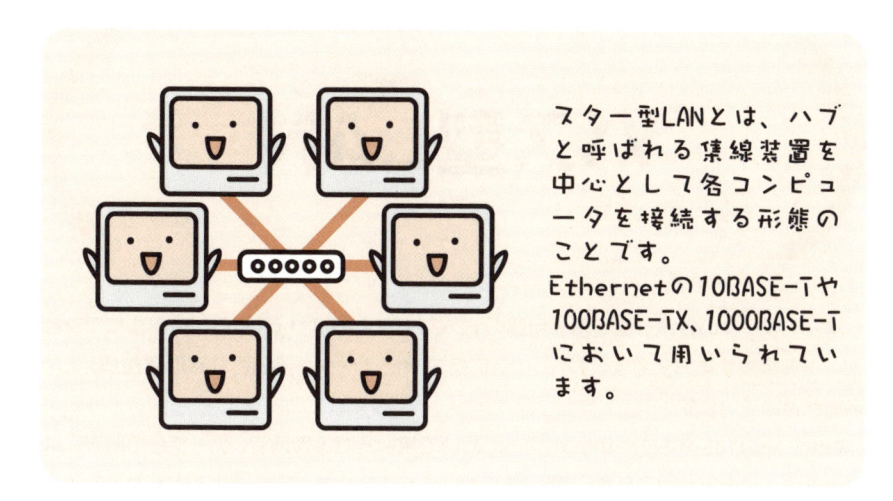

スター型LANとは、ハブと呼ばれる集線装置を中心として各コンピュータを接続する形態のことです。Ethernetの10BASE-Tや100BASE-TX、1000BASE-Tにおいて用いられています。

ハブ同士を連結することで、ネットワークを階層化して管理することができます。

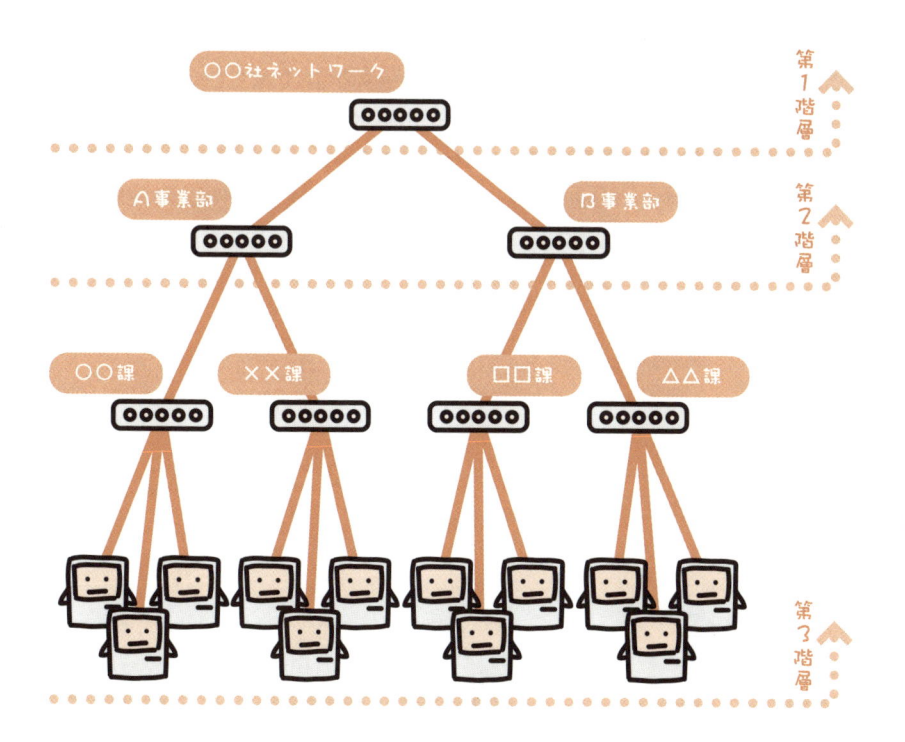

❸ ローカル・エリア・ネットワーク編

バス型LAN

　ネットワークの接続形態を示す用語の1つで、バスと呼ばれる1本のケーブルにコンピュータを接続する方式です。1本のバスに各コンピュータが接続される形態から、この名前が付いています。

　Ethernetの10BASE-2や100BASE-5において用いられる形態で、ケーブルの両端にはターミネータと呼ばれる終端装置が取り付けられています。これはバス内を通過する信号が、両端で反射して雑音となってしまうことを防ぐためのものです。

　バス上を流れるパケットはすべてのコンピュータに届けられ、本来の宛先以外となるコンピュータではそのパケットを破棄します。パケットを中継する必要がないために、バスに接続されたコンピュータが故障しても、他のコンピュータに対して影響を与えることはありません。ただし接続されるコンピュータの台数が増えてくると、通信量の増加にともなって「コリジョン」というパケットの衝突が発生するようになります。この場合、Ethernetでは適当な時間を空けてパケットを再送することになりますが、あまりにもコリジョンが多発してしまう場合には、ネットワークの効率が悪化しすぎてしまい、実用に耐えがたいものとなります。

関連用語

スター型LAN	66	コリジョン	136
リング型LAN	70	パケット	46
Ethernet	72	サブネットマスク	52

バス型LANとは、バスと呼ばれる1本のケーブルに各コンピュータを接続する形態のことです。
Ethernetの10BASE-2や10BASE-5において用いられています。

バスの両端には、信号の反射を防ぐためのターミネータが取り付けられています。

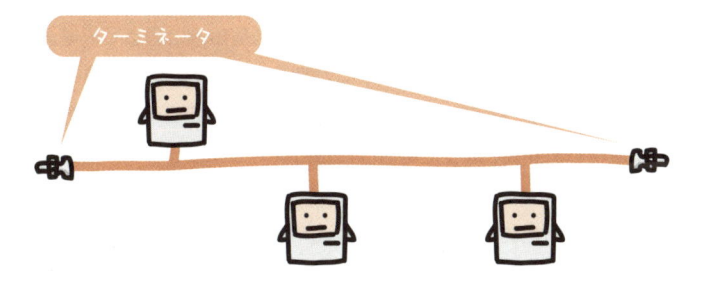

ターミネータ

接続されるコンピュータの数が増えると、コリジョンの多発を招くことになりネットワークの効率が悪化します。

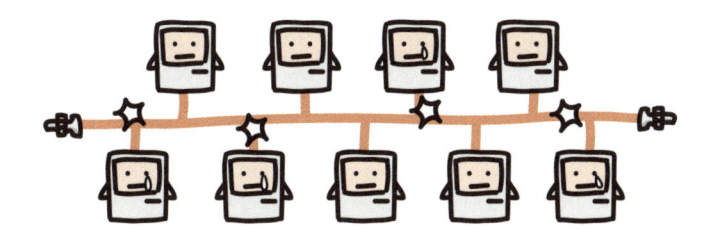

❸ ローカル・エリア・ネットワーク編

リング型LAN(ラン)

　ネットワークの接続形態を示す用語の1つで、リング状のバスと呼ばれる1本のケーブルにコンピュータを接続する方式です。1本のバスに各コンピュータを接続する点では「バス型LAN」と同じですが、そのケーブルがリング状になっていることから、この名前が付いています。

　Token RingやFDDIなどにおいて用いられている形態で、他の方式に比べてケーブルの総延長距離を長くとることができるのが特徴です。そのためLANの規格だけにとどまらず、WANのような広い地域を網羅するネットワークにおいてもこの形態を採るものがあります。

　この方式ではバスがリング状になっているため、バス型LANと違って終端装置を必要としません。パケットはバス上を1方向のみに流れ、ネットワーク上のコンピュータはこのパケットを随時チェックして、自分宛であるか否かを判定します。自分宛であった場合はそのまま取得しますが、違った場合はさらに次のコンピュータへと流すこととなり、まるでバケツリレーのような感じでパケットが流れていくこととなります。

　そういった方式であるために、ネットワーク上のコンピュータが1台でも故障してしまうとパケットの流れがそこで止まり、通信障害を引き起こすことになってしまいます。

関連用語

スター型LAN	66	Token Ring	74
バス型LAN	68	パケット	46

リング型LANとは、バスと呼ばれる1本のケーブルをリング状に配置して各コンピュータを接続する形態のことです。TokenRingやFDDIにおいて用いられています。

リング状のバスを1方向にパケットが流れるため、バス型LANと違ってターミネータを必要としません。

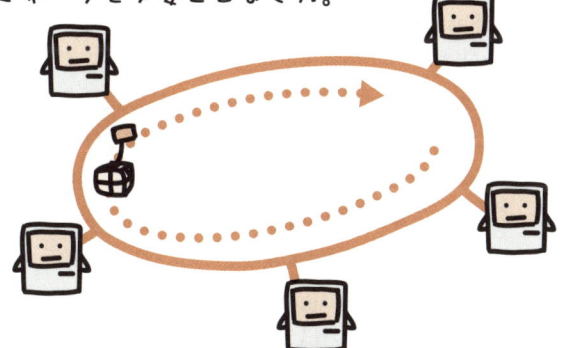

バケツリレーのようにパケットを流すため、ネットワーク上のコンピュータが故障すると、パケットの流れが遮断されて通信障害を引き起こします。

❸ ローカル・エリア・ネットワーク編

Ethernet
イーサネット

　米国Xerox社のPalo Alto Research Center(PARC)において、Robert Metcalfe氏らにより発明されたネットワーク規格です。

　現在のLAN環境では、特殊な場合を除いてはすべてEternetが用いられており、その接続形態は1本のバスにすべてのコンピュータを接続するバス型と、ハブを中心として各コンピュータを接続するスター型の2種類に分かれます。

　バス型LANには 10BASE-2、10BASE-5といった規格があり、スター型LANには10BASE-Tという規格があります。現在では、この10BASE-Tをより高速なものとした、100BASE-TXというFast Ethernet規格が広く利用されています。

　Ethernetではネットワーク上の通信状況を監視して、他に送信を行っている者がいない場合に限りデータの送信を開始するキャリア・センスという仕組みと、それでも同時に送信を行ってしまった場合に発生する衝突(コリジョン)を検出する仕組みによって通信制御を行います。この制御方式は、CSMA/CD(Carrier Sense Multiple Access/Collision Detection)方式と呼ばれています。

　100Mbpsという通信速度であった100BASE-TXに対して、最近では1Gbpsという通信速度を持つ、1000BASE-TなどのGigabit Ethernet(GbE)規格も一般化しつつあります。こうしたことから、「Ethernet」という言葉には「Fast Ethernet」「Gigabit Ethernet」も含み、それらすべての総称を指すといった意味合いが強まっています。

関連用語

スター型LAN	66	コリジョン	136
バス型LAN	68	bps(bits per second)	132

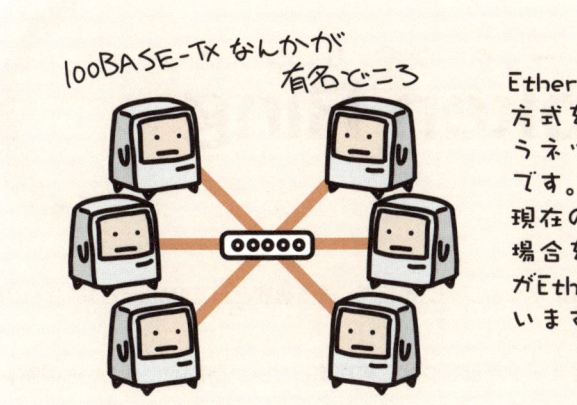

100BASE-TXなんかが有名どころ

Ethernetとは、CSMA/CD方式を用いて通信を行うネットワークの規格です。
現在のLANでは、特殊な場合を除いてほとんどがEthernetを利用しています。

CSMA/CD方式では、他に送信を行っている者がいない場合に限ってデータ送信を開始します。

ダレモツカッテナイネ

ンジャオクルトショウ

キャリア・センス (Carrier Sense Multiple Access)

それでも同時に送信してしまい、パケットの衝突（コリジョン）が発生したら、ランダムな時間待機してから送信を再開します。

アアッ！　ブツカッタ！　5secゴニヤリナオス…　3secゴニヤリナオス…

コリジョン検知 (Collision Detection)

③ ローカル・エリア・ネットワーク編

Token Ring
トークン リング

　IBM社によって提唱されたネットワーク規格で、通信速度として4Mbpsと16Mbpsの2種類が普及しています。

　ネットワークの各コンピュータをリング状に接続するリング型LANに属し、通信制御にはトークンパッシング形式を用います。トークンパッシング形式とは、ネットワーク上に送信の権利を示すToken（トークン）という名前のデータを流す方式で、このTokenによって送受信の管理を行うものです。

　通常、ネットワークに何も送信データがない間は、このTokenが単独で流れています。各コンピュータはTokenを受信して、何もデータが存在しなければ、そのまま次のコンピュータへと流します。このように、1方向に向かってTokenだけがバケツリレーのように受け渡されていくのが無負荷時の状態です。

　送信したいデータが発生したコンピュータは、このTokenが手元に来るのを待ちます。そしてTokenをつかまえると、その後ろに送信データを付加して、再度バケツリレーを継続します。以後、Tokenを受け取ったコンピュータは、そのデータが自分宛てのものであるかチェックし、自分宛てでなければそのまま次へ渡し、自分宛てであった場合にはデータを取り出して、Tokenだけを再度送り出すのです。

　このような仕組みによって送受信の管理を行うために、Ethernetにあるような「衝突（コリジョン）」という概念は原理的に発生しません。そのためネットワークの通信速度を効率良く利用することができます。

関連用語

リング型LAN	70	Ethernet	72
コリジョン	136	bps(bits per second)	132

TokenRingとは、Token(トークン)という送信権利を示すデータが、バケツリレーのように流れるトークンパッシング方式を用いて通信を行うネットワークの規格です。

平常時はトークンだけがネットワーク上を流れています。

送信したい時は受け取ったトークンにデータをくっつけて次へ流します。

自分宛てのデータでない場合は、そのまま次へ流します。

自分宛てのデータであった場合は、データを受け取ってからトークンだけを次へ流すことで、平常時に戻ります。

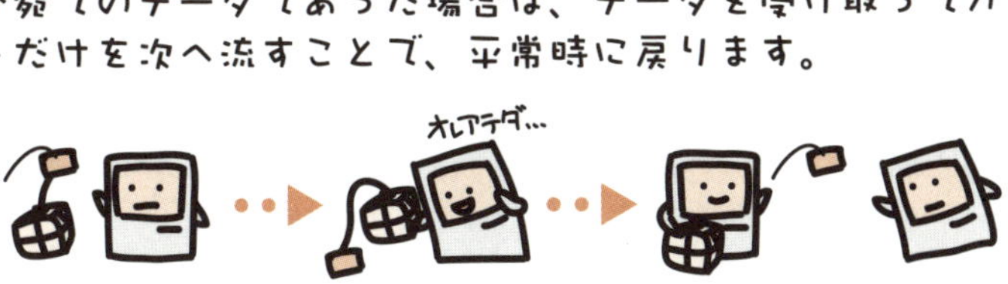

無線LAN（ラン）

　ケーブルを必要とせず、電波などを使って無線で通信を行うLANのことです。特にEthernet規格の1つである「IEEE802.11b」の登場から爆発的に普及が進み、オフィスだけでなく家庭でもニーズの高まりをみせています。

　無線LANを利用するためには、対象となるコンピュータに無線LANカードを設置する必要があります。無線LANには、この無線LANカード同士で通信を行う「アドホックモード」と、「アクセスポイント」と呼ばれる基地局を設置して、その基地局を中心に通信を行う「インフラストラクチャモード」という2種類の接続方法が存在します。アクセスポイントを利用する場合、この基地局は有線のLANでいうところのハブに相当する役割りを果たします。

　現在では「IEEE 802.11b」ではなく、より高速な規格である「IEEE 802.11g」が主流となっています。それでも通信速度は54Mbps、実効速度でいえば20Mbps前後と、有線のLANとして現在主流の100BASE-TXと比較した場合、決して高速とは言えません。しかしインターネットの利用に関しては十分な速度であることと、レイアウトの変更や機器の増減に際してケーブルを引き回さなくてもよいというメリットは大きく、昨今のノートパソコンではほぼ標準装備ともなりつつある機能です。

　無線LANには他にも、IEEE 802.11gと同じ54Mbpsの通信速度を持つ「IEEE 802.11a」と、実効速度が100Mbpsと、非常に高速な「IEEE 802.11n」という規格があります。IEEE 802.11nはまだドラフト版の段階ですが、最終的な仕様策定が2009年中にも行なわれる予定です。

関連用語

Ethernet	72	ハブ	126
bps(bits per second)	132		

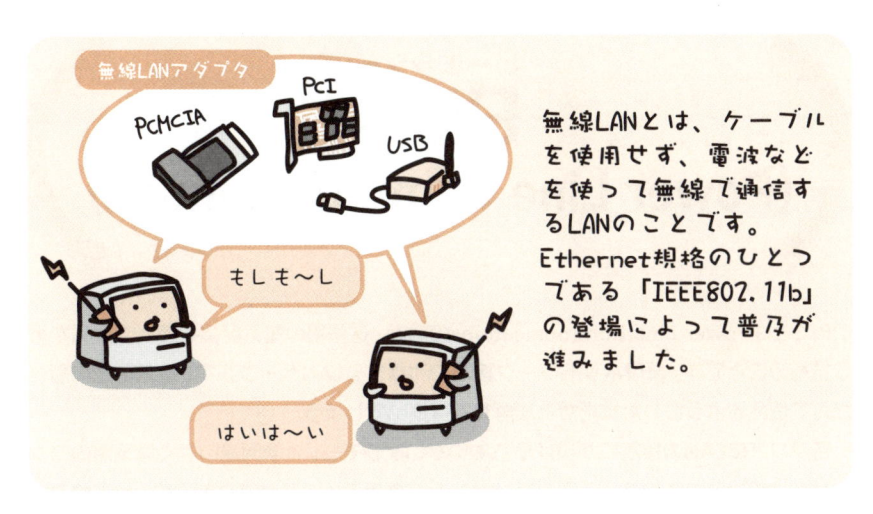

無線LANアダプタ
PCMCIA
PCI
USB

もしも〜し

はいは〜い

無線LANとは、ケーブルを使用せず、電波などを使って無線で通信するLANのことです。Ethernet規格のひとつである「IEEE802.11b」の登場によって普及が進みました。

次の2つの接続方法があります。

アドホックモード

無線LANアダプタ同士で直接通信を行います。

インフラストラクチャモード

アクセスポイントと呼ばれる基地局を中心として通信を行います。

❸ ローカル・エリア・ネットワーク編

PLC
ピーエルシー
(Power Line Communications)

　PLCとはPower Line Communicationsの略で、送電用の電気配線を使って通信を行う技術のことです。普段ネットワーク接続に利用するLANケーブルを、電気配線に置きかえて使えるようにした技術だと理解すれば良いでしょう。

　各フロアにLANの接続口が設けられていない建物でも、まず間違いなく電気用のコンセントは設けられています。このコンセントに専用のPLCアダプタを設置、他方のフロアにも同様にPLCアダプタを設置とすることで、PLCアダプタ間の電気配線を使ってネットワーク通信を行えるようにするのがこの技術の特徴です。

　既存の建物に新しくLAN配線を敷設するには大がかりな工事が必要となりますが、この方式を用いた場合は、既存の電気配線がそのまま宅内LANのネットワーク配線として使えるため工事を必要としません。また、通信に転用中であっても、電気配線としての利用が不可となるわけではないため、簡便に宅内LAN配線を実現することができます。

　PLCアダプタには、コンセント接続のために用いる電源ケーブルの他に、LANケーブル接続用のポートが設けられています。パソコンをPLCアダプタに接続する場合は、このポートにLANケーブルを接続して通信を行うことになります。当初は数Mbpsという通信速度でしたが、現在では理論値で約200Mbps前後、実際の通信速度でも約60Mbps前後が出るようになっています。

関連用語

LAN	62	モデム	130
LANケーブル	118	bps	132

PLCは、屋内の電気配線を使ってデータ通信を行います。
コンセントにPLCアダプタを2つ以上接続することで、アダプタ間の電気配線を通じてデータを送受信するのです。

家庭の電気配線には、「交流」と言われる電気が流れてます。

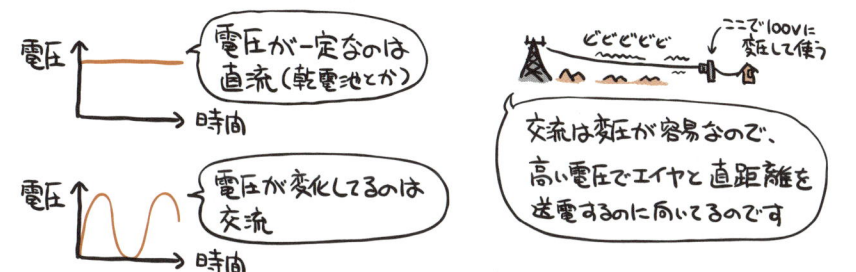

電圧が一定なのは直流（乾電池とか）

電圧が変化してるのは交流

交流は変圧が容易なので、高い電圧でエイヤと長距離を送電するのに向いてるのです

交流の電気は、50Hz（東日本）とか60Hz（西日本）とかの周波数で流れています。

つまりはそーいう周期でゆらゆらする波ですわ

一方、データ通信の信号は、何MHzという、非常に高い周波数で流れてます。

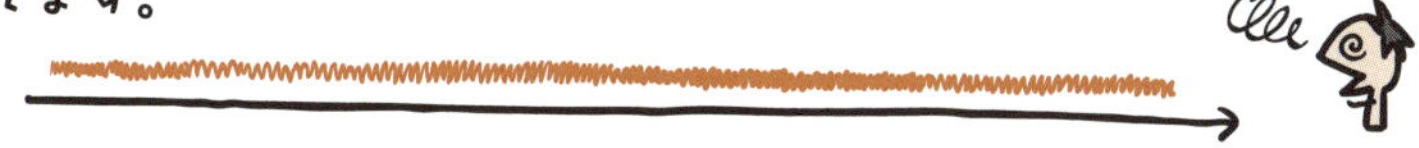

PLCアダプタは、両者をあわせた信号を作り出し、電気配線に送出します。

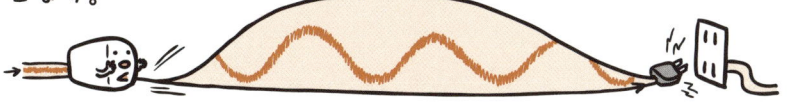

受け取る側のPLCアダプタは、周波数の高いデータ通信部分だけを取り出して使用します。

お、キタキタ

❸ ローカル・エリア・ネットワーク編

Bluetooth
ブルートゥース

　携帯情報機器向けの無線通信技術で、「Bluetooth SIG」という業界団体によって推進されています。

　2.4GHzという帯域を利用して、パソコンや周辺機器、携帯情報端末（PDA）、家電、携帯電話に至るまで、ケーブルを使わずに様々な機器を接続することができます。接続は、1台の機器がマスターとなり、これに7台までの機器がスレーブとしてぶらさがる形態をとります。マスターとは親機、スレーブとは子機と思えば良いでしょう。

　通信速度は、Bluetooth 1.x規格で1Mbps。高速化機能に対応したBluetooth 2.x+EDR規格では3Mbpsとなります。赤外線通信とは違って機器間に障害物があっても問題はありません。通信距離は出力レベルに応じて3種類に分かれており、もっとも大きな出力のClass1では100m、Class2で30m、Class3だと1mの距離で通信することができます。

　主にネットワークを構築するための規格ではなく、機器間をワイヤレス接続するための規格で、そのため無線LANとは対象となる用途が異なります。無線LANと比較した場合、通信速度や無線間で通信できる距離の点で見劣りしますが、携帯電話へ搭載することも前提とした設計であるため、非常に省電力で製造コストも低く抑えられるようになっています。

関連用語

bps（bits per second） ……………… 132　　　無線LAN ……………………… 76

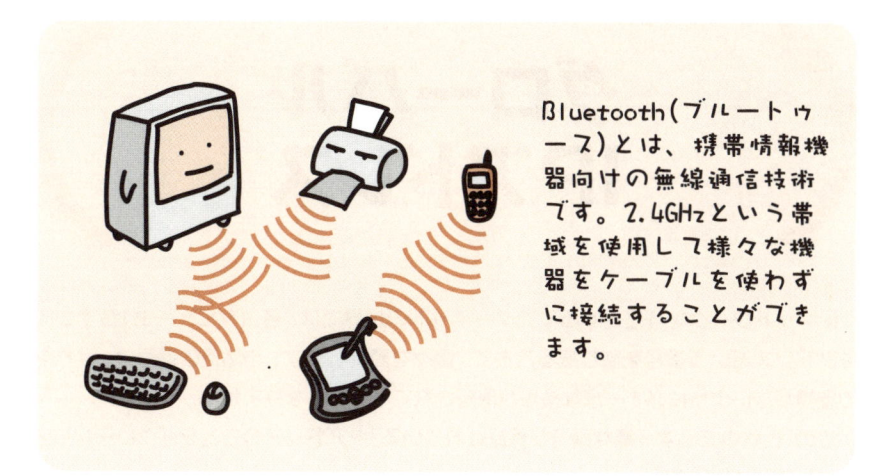

Bluetooth(ブルートゥース)とは、携帯情報機器向けの無線通信技術です。2.4GHzという帯域を使用して様々な機器をケーブルを使わずに接続することができます。

Bluetoothはネットワーク用の技術ではなく、機器間の接続に用いていたケーブルを排除するため広範囲に用いられるものです。

ケーブルぐちゃぐちゃ…

スッキリ！

1台のマスター機器に対して、7台までスレーブとして機器を接続することができます。

マスターになるです

スレーブ

10m

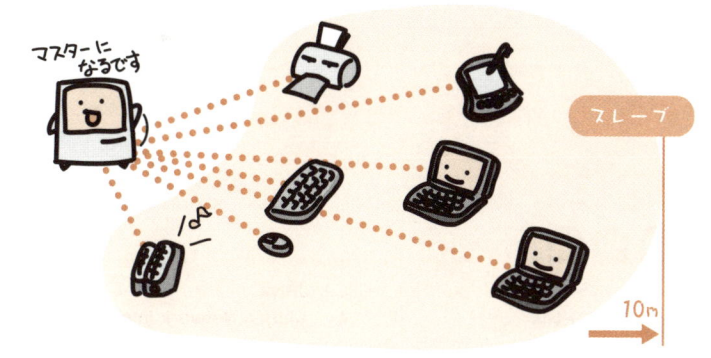

❸ ローカル・エリア・ネットワーク編

グローバル IPアドレス

　IPネットワークを基盤とするインターネットの世界では、各コンピュータ1台ずつにIPアドレスという番号を割り振ることで、個々を識別します。当然その番号は、世界中で重複がないように必ず一意な番号が保証されてなくてはなりません。

　この「世界中で必ず一意な番号が保証されている」IPアドレスのことを、「グローバルIPアドレス」と呼びます。

　グローバルIPアドレスは、世界中で1つしか存在しない値とする必要があるために、各個人で自由に割り当てるというわけにはいきません。そのため、各国には専門の機関が設けられており、その管理のもとで割り当てを受けることになっています。

　日本におけるグローバルIPアドレスの割り当ては、JPNIC（JaPan Network Information Center）がその役割を担っています。

　ただし、IPアドレスは32bitの整数で表現するため、重複しない番号といってもその数は有限です。したがって、LANの中など限られた範囲内では、別途プライベートIPアドレスを割り当てて使用するのが一般的です。

関連用語

IPアドレス ……………………… 50	JPNIC
プライベートIPアドレス …………… 84	（JaPan Network Information Center）…180

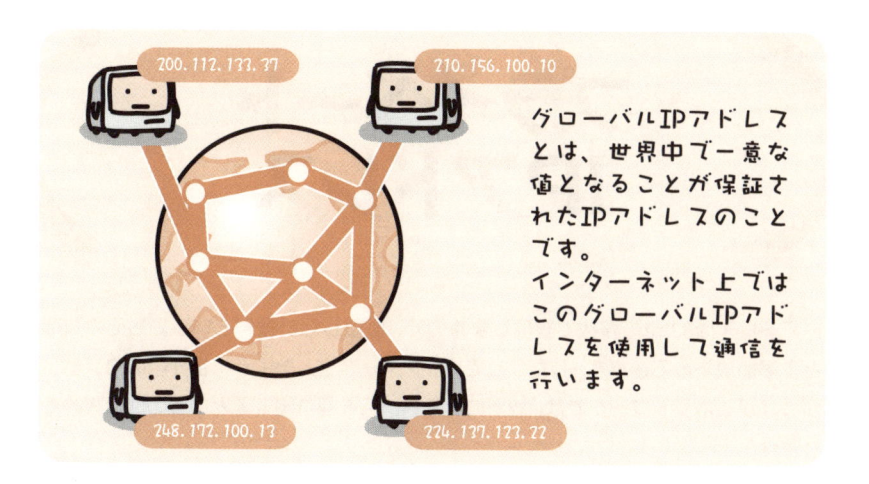

グローバルIPアドレスとは、世界中で一意な値となることが保証されたIPアドレスのことです。
インターネット上ではこのグローバルIPアドレスを使用して通信を行います。

200.112.127.37
210.156.100.10
248.172.100.13
224.137.127.22

グローバルIPアドレスは、IANA (Internet Assined Numbers Authority)を頂点とする階層構造で地域ごとに割り振りが管理されています。

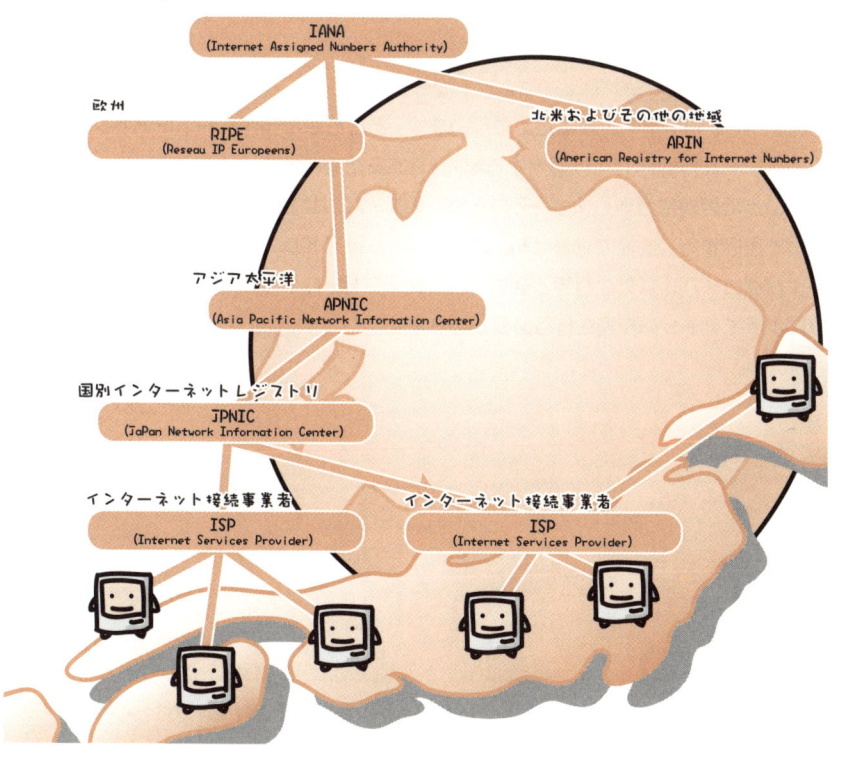

IANA (Internet Assigned Nunbers Authority)

欧州
RIPE (Reseau IP Europeens)

北米およびその他の地域
ARIN (American Registry for Internet Nunbers)

アジア太平洋
APNIC (Asia Pacific Network Information Center)

国別インターネットレジストリ
JPNIC (JaPan Network Information Center)

インターネット接続事業者
ISP (Internet Services Provider)

インターネット接続事業者
ISP (Internet Services Provider)

❸ ローカル・エリア・ネットワーク編

プライベート IPアドレス

　IPアドレスは32bitの整数で表現しますので、重複しない番号といってもその数は自ずと上限が決まってきます。したがって、インターネットのように世界中のコンピュータがつながるネットワークでは、個別にIPアドレスを割り当てるというのは現実的ではありません。

　そこで、IPアドレスは世界中で一意な番号が保証されているグローバルなIPアドレスと、限られた範囲内だけで使用するプライベートなIPアドレスとに分けられています。

　このプライベートなIPアドレスのことを「プライベートIPアドレス」と呼び、LANのように限られた狭い範囲のネットワークでは、こちらを割り当てて使用するようになっています。

　IPアドレスとは、コンピュータネットワークでいうところの住所や電話番号といったものであり、相手を特定するために用います。ところがプライベートIPアドレスは、「プライベートな空間内でだけ通用する宛先」であるため、オフィスの内線番号や誰々の部屋といった表現に合致します。そのため、グローバルな外の空間とは、このアドレスを用いて通信することはできません。プライベートIPアドレスが割り当てられたコンピュータがグローバルな外の世界と通信を行うためには、NATやIPマスカレードといった手段によってアドレス変換を行う必要があります。

関連用語

IPアドレス ……………………………… 50	NAT（Network Address Translation） …170
グローバルIPアドレス ………………… 82	IPマスカレード …………………………172

プライベートIPアドレスとは、LANのように限られた範囲でのみ有効なIPアドレスのことです。
プライベートIPアドレスは、管理者によって自由に割り当てることができます。

プライベートIPアドレスは、電話でいう内線番号のようなものであるため、外線となる外の世界との通信には使用できません。

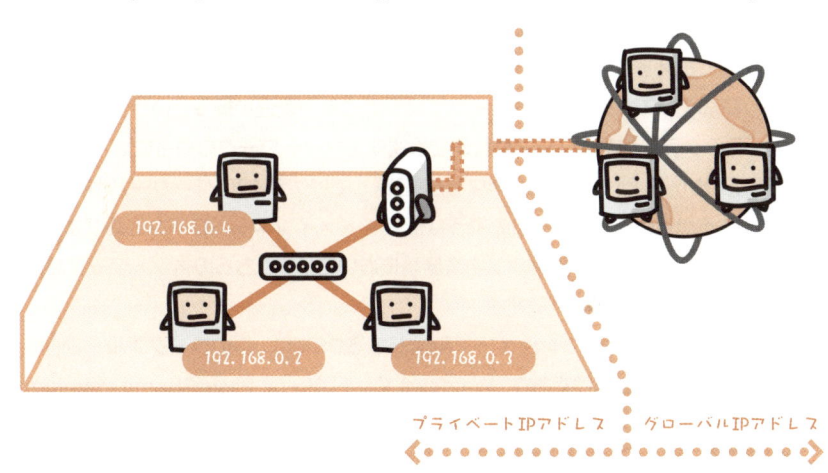

プライベートIPアドレス　　グローバルIPアドレス

プライベートIPアドレスはネットワークの規模により3つのクラスに分けられています。それぞれのクラスで使用できるIPアドレスは以下のように決まっています。

クラス	IPアドレス	サブネットマスク
クラスA（大規模ネットワーク用）	10.0.0.0〜10.255.255.255	255.0.0.0
クラスB（中規模ネットワーク用）	172.16.0.0〜172.31.255.255	255.255.0.0
クラスC（小規模ネットワーク用）	192.168.0.0〜192.168.255.255	255.255.255.0

ワークグループネットワーク

　サーバによってネットワーク上のコンピュータを集中管理するのではなく、各クライアントコンピュータ同士がお互いに資源を共有し合う分散管理型ネットワークのことです。

　ネットワーク上のコンピュータはワークグループという単位でグループ分けされます。所属するワークグループは、各コンピュータごとにワークグループ名を入力することによって指定します。Microsoft社のWindows95以降のOSはいずれもこの機能を標準で持っています。

　各クライアントコンピュータが自由にファイルやプリンタの共有を設定できるため、とても手軽に扱えることが利点ですが、その反面、アクセス制限などのセキュリティ面はかなり脆弱で、ユーザやネットワークリソースの集中管理を行うといったことはできません。そのようなセキュリティや管理を重視するネットワークの場合には、Windowsサーバ製品（Windows Server 2008など）を設置して、クライアント・サーバ型のネットワークとする必要があります。このような形態をドメインネットワークと呼びます。特にセキュリティの重要性が高いオフィス環境においては、こちらのネットワークが向いていると言えるでしょう。

　Microsoft社では、主にコンシューマ用途となるOSには、このワークグループ・ネットワークを標準と位置付けており、Windows VistaのHome BasicやHome Premiumといったエディションではこの形態のネットワークにしか参加ができないよう制限をかけています。

関連用語

クライアントとサーバ ……………… 16 　　ドメインネットワーク ……………… 88

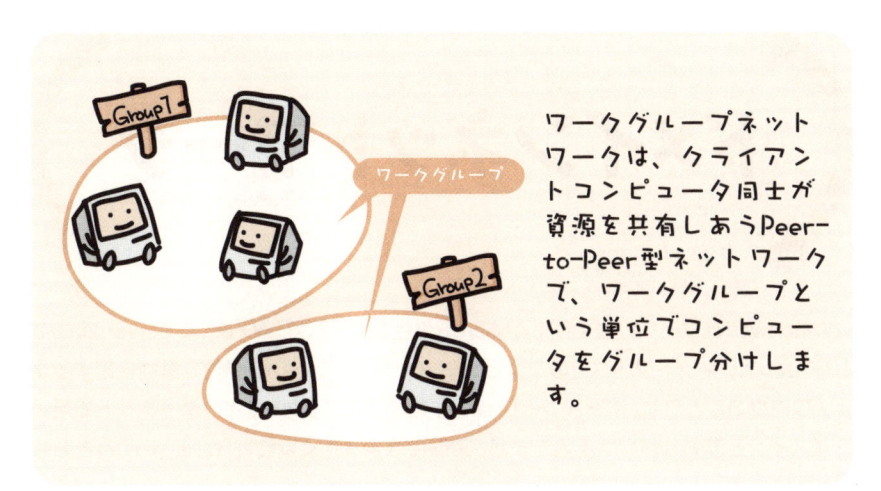

ワークグループネットワークは、クライアントコンピュータ同士が資源を共有しあうPeer-to-Peer型ネットワークで、ワークグループという単位でコンピュータをグループ分けします。

ワークグループネットワークでのグループ分けはクライアントコンピュータの自己申告によって行われます。

各コンピュータに設定したワークグループ名で、自動的にグループが構成されます。

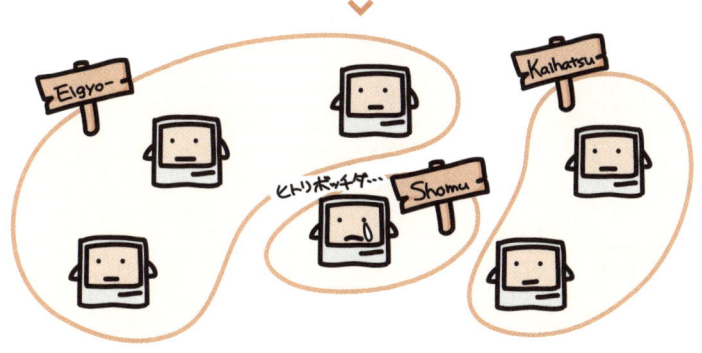

❸ ローカル・エリア・ネットワーク編

ドメインネットワーク

　Windows NTサーバに端を発するMicrosoft社のサーバ群（Windows Server 2008など）によって、ネットワーク上のコンピュータをドメインという単位で集中管理するネットワークのことです。ドメインという名称を用いているため、インターネットで用いるドメインと混同しがちな用語ですが、実際にはまったく別物で「NTドメイン」とも呼ばれています。

　ネットワーク上のドメインに参加するユーザはサーバによって一元管理されており、ユーザアカウントの追加や削除、パスワード認証などはすべてサーバ上で行います。

　ドメインの中心には常にドメインコントローラと呼ばれるサーバが存在しており、ドメインに参加するためにはこのサーバの認証を通らなければいけません。これは逆に言うと、ドメインコントローラがないとドメインに参加することができないということであり、そのためドメインコントローラの故障がネットワークの障害に直結してしまうことになります。こういった障害を避けるために、ネットワーク内にはプライマリドメインコントローラとバックアップドメインコントローラという複数のドメインコントローラを用意することができます。これによって、普段利用しているプライマリドメインコントローラが故障した場合にも、バックアップドメインコントローラが処理を代行してネットワークの障害を回避するようになっています。

関連用語

クライアントとサーバ ……………… 16　　ワークグループネットワーク ……………… 86

ドメインネットワークは、Windows Server 2008などによりネットワーク上のコンピュータをドメインという単位で集中管理するネットワークです。参加するユーザはサーバによって一元管理されます。

ドメインに参加するためには、ドメインを管理するドメインコントローラの認証を受ける必要があります。

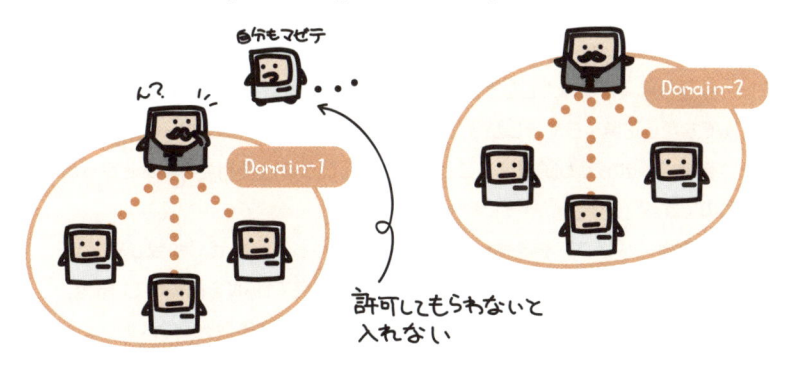

ドメインに参加できるユーザ設定やドメイン間の信頼関係など、ネットワークを柔軟に管理・構成することができます。

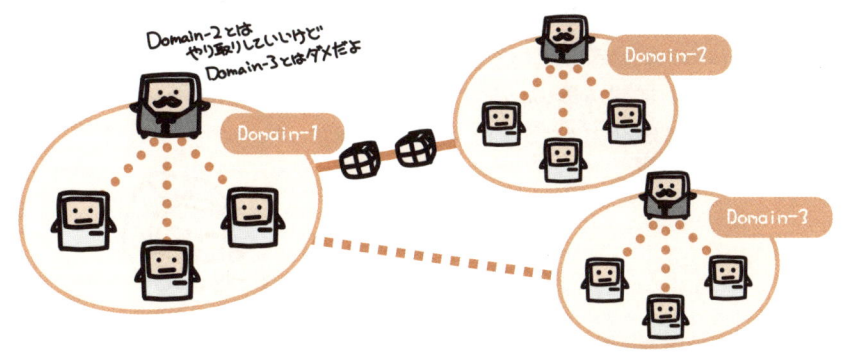

column

「LANがおもちゃだった時代」

　自分と同じくコンピュータ業界に就職した友人は、寮住まいをしておりました。
　そうして自分と同じように、はじめて満額もらえた冬のボーナスでパソコンを購入して、他の寮生たちと遊んでいたのです。何をしてって？ LANを組んでです。
　まだパソコンを持ってる人の方が珍しかった時代、自宅でLANが組めることなんてよほどの趣味人じゃないと難しかったんですよね。ところが寮であれば、数人がパソコンを購入することで、ネットワーク化して遊べるじゃないかと思った友人とその仲間たち。窓からLANケーブルを外に出して、お互いのパソコンを接続するという荒業を使って見事に寮内ネットワークを構築しておりました。
　今から考えたらバカとしか言えない所業なんですが、当時は珍しかったもんですから正直うらやましかったですよ。何より仕事でネットワークを扱っている時に、自宅でも試験することができるというのは便利だよなぁと思ったものです。
　その後、パソコンを自作して色々拡張するうちに、なぜだか我が家ではパソコンが増殖していきまして、今では自分も自宅でLANを構築しています。過日Microsoft社からフリーで使えるグループウェア（複数人でのスケジュール管理や情報伝達を管理するソフト）が公開された時に、これは是非試さねばなんて思ったりもしたんですが、よく考えたらLANはあれども使用者は実質1人。無償配布のトライアルキットまで入手したんですけど、使いどころがないときたもんです。しょうがないから家族のスケジュール管理や伝言板に使おうかな、とか思ったんですけど、それを言ったら「なんでそんなもので!?」と多分怒られるだろうなと思ったので止めにしました。

# 4章

ワイド・エリア・ネットワーク編

❹ ワイド・エリア・ネットワーク編

WAN
（Wide Area Network）

　WANとはワイド・エリア・ネットワークの略で、距離的に離れたコンピュータやLAN同士を専用線などによって接続したネットワークを示します。たとえば企業で支社間同士を接続するなど、そういったネットワークを想像すると良いでしょう。

　日本語にすると広域通信網という意味になり、LANのように自前でケーブル接続するのではなく、通信事業者の提供する広域網などを利用して構築することになります。

　従来WANを構築する際には、専用線を契約して支社間を接続するか、もしくは必要に応じて支社間で公衆回線によるダイアルアップ接続を行うといった方法が一般的でした。しかし専用線を用いると、接続する2点間の距離と回線速度に応じてコストが跳ね上がり、ダイアルアップ接続の場合でも、やはり距離と時間に応じて通信料がかさむことになってしまいます。

　これに対し、現在ではインターネットの通信網を利用したVPN（Virtual Private Network）が安価にWANを構築する手法として注目を浴びています。

　これは、インターネットのような不特定多数のユーザが利用する通信網を、暗号化技術によって仮想的な専用線として利用するものです。当初は情報の漏洩や改ざんといった懸念が強かったものの、暗号化技術の発達やセキュリティを念頭においたネットワークプロトコルの確立などによって、安価な専用ネットワークの構築が可能となりました。

関連用語

LAN（Local Area Network）	62	VPN（Virtual Private Network）	96
専用線	94	インターネット（Internet）	176

距離的に離れたネットワークやLAN同士を専用線などによって接続したネットワークをWANと呼びます。

接続する方法としては、以下のようなものがあります。

専用線

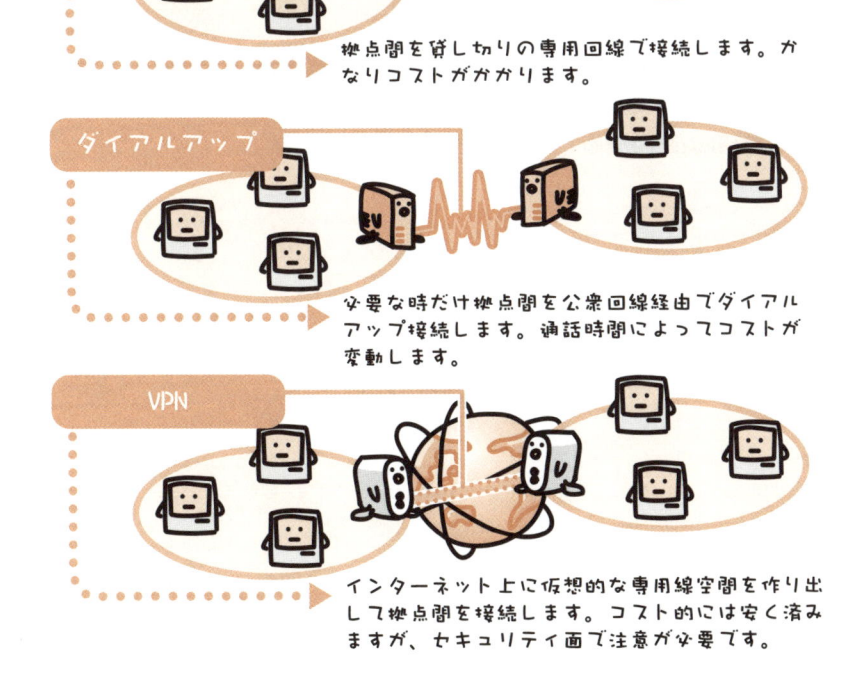

拠点間を貸し切りの専用回線で接続します。かなりコストがかかります。

ダイアルアップ

必要な時だけ拠点間を公衆回線経由でダイアルアップ接続します。通話時間によってコストが変動します。

VPN

インターネット上に仮想的な専用線空間を作り出して拠点間を接続します。コスト的には安く済みますが、セキュリティ面で注意が必要です。

❹ ワイド・エリア・ネットワーク編

専用線

　通信事業者により提供されているサービスで、月々定額の料金を支払うことで特定の2点間を接続し、通話時間とは関係なく利用できる専用回線のことを示します。回線方式にはデジタルとアナログがあり、この専用線を使って支社間を接続することで、内線通話や広域のネットワーク通信網を構築することができます。

　コンピュータネットワーク用に設けられた専用線サービスでは、主にLAN同士を接続するWANの構築に用いられ、回線方式としてデジタル回線を用いるのが一般的です。公衆回線の従量課金制とは違って、貸し切りの専用回線であるため料金が通話時間に依存せず、常時接続用の通信回線として利用することができます。

　月にかかる固定料金は、接続する2点間の物理的な距離と、回線の通信速度に応じて高額になります。もっとも安価なものでも月に数万円となるために、個人で契約することはあまりありません。

　かつてはWAN用の常時接続というと専用線しか選択肢がありませんでしたが、現在ではインターネットの通信網を利用したVPN（Virtual Private Network）の登場によって、仮想的な専用線接続を安価に利用できるようになっています。

関連用語

LAN（Local Area Network） ……… 62　　VPN（Virtual Private Network） ……… 96
WAN（Wide Area Network） ……… 92　　インターネット（Internet） ……… 176

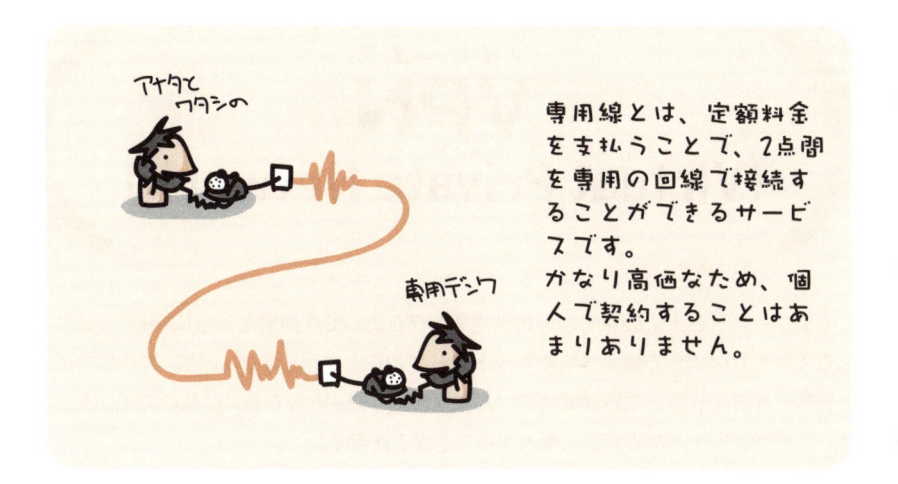

専用線とは、定額料金を支払うことで、2点間を専用の回線で接続するサービスです。
かなり高価なため、個人で契約することはあまりありません。

専用線は、完全な貸し切り状態で通話時間に関係なく利用することができます。

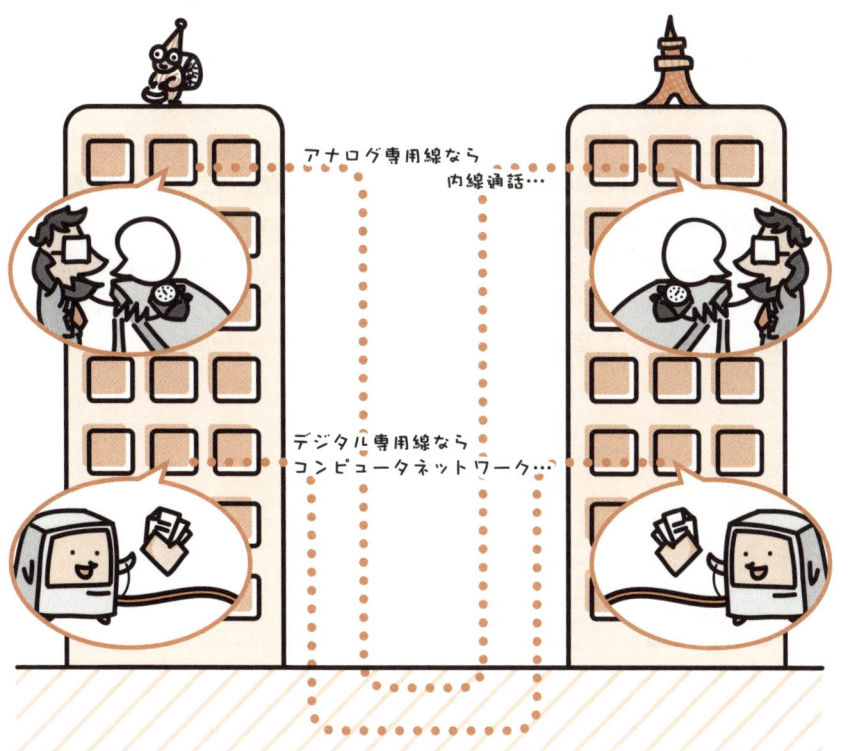

VPN
(Virtual Private Network)
ブイピーエヌ

　インターネット上に仮想的な専用線空間を作り出して拠点間を安全に接続する技術、もしくはそれによって構築されたネットワークのことを示します。通常、専用線を用いた接続ではコスト高となる遠隔地のLAN間接続ですが、VPNであれば既存のインターネット回線を流用するため安価に導入することができます。

　VPNを利用するには、相互の接続部分に専用のVPN装置か、その機能が組み込まれたルータやファイアウォールを設置する必要があります。このVPN装置では、通信データを暗号化してからインターネットに流し、受信側で暗号化を解除します。そのため途中経路となるインターネット上ではデータを解読することができず、情報漏洩や改ざんといった危険から通信データを守ることができるのです。ただし、VPN装置がお互いに互換性のある暗号化方式を用いなければ、データの暗号化を解除することはできません。そのため現在では、VPNの標準プロトコルとして、IPSec（Internet Protocol Security）という規格が定義されており、このプロトコルに対応した機器同士であれば、異なるメーカーの機器間でも通信を行うことができるようになっています。

　また、VPNではLAN同士を接続する形態の他に、リモートアクセス型の接続方法も存在します。PPTP（Point to Point Tunneling Protocol）というプロトコルを使うと、LANの外からインターネット回線を使って仮想的なダイアルアップ接続を行うことができます。

関連用語

LAN(Local Area Network)	62	ファイアウォール		164
WAN(Wide Area Network)	92	PPTP		
専用線	94	(Point to Point Tunneling Protocol)		162
ルータ	124	インターネット(Internet)		176

VPNとは、インターネット上に仮想的な専用線空間を作り出して、拠点間を接続したネットワークのことです。既存のインターネット回線を利用するため安価に導入することができます。

VPNを利用するには、相互の接続口にVPN機能を持った機器を設置します。

VPN装置

インターネット経由でデータを流す場合には、そのデータをVPN装置が暗号化してから流し、受け取った側では、その暗号化を解除してから内部ネットワークへ転送します。

暗号化してポイッと
暗号を解除してポイッと

このように途中経路での通信データを暗号化することで、情報の漏洩や改ざんといった危険を回避することができるのです。

ワルイヒトサンジョ〜
イタダキ
ナカミがミレナイ…

ISDN
アイエスディーエヌ
(Integrated Services Digital Network)

　Integrated Services Digital Network（統合デジタル通信網）の略で、電話やFAX、データ通信を統合して扱うことのできるデジタル通信網のことを示します。国際標準規格として定められており、日本ではNTTが「INSネット」の名称でサービスを提供しています。一般電話のアナログ回線に比べ回線の状態が安定しており、高速で安定した通信を行うことができるようになっています。

　現在サービスとして提供されているものは、Narrow ISDNと呼ばれるものであり、通常の電話線を用いて通信を行います。この回線は3本のチャネルで構成されており、制御用として通信速度16kbpsのDチャネル1本と、通信用として通信速度64kbpsのBチャネル2本を有します。

　通信用のBチャネルは、1本を1回線として利用することができるため、電話回線として2本同時に利用できることになります。そのため、インターネットを利用しながら電話を使うことや、FAX用と電話用で個別に回線を振り分けることが可能となります。

　また、バルク転送といって、2本のBチャネルを同時に束ねて利用することで、128kbpsの速度で通信を行うこともできます。

　インターネットを利用するための通信回線という意味では、現在はより高速なADSLやFTTHにとって替わられており、ISDNをその用途に用いることはあまりありません。また、ADSLとISDNは、互いに干渉を受ける恐れのあることが指摘されています。

関連用語

ADSL
（Asymmetric Digital Subscriber Line）　…102
bps（bits per second）　…132
インターネット（Internet）　…176

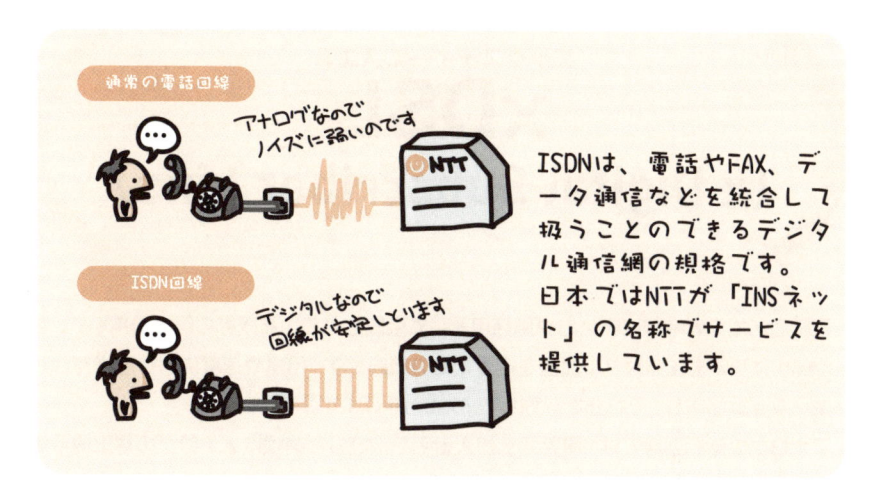

通常の電話回線
アナログなので
ノイズに弱いのです

ISDN回線
デジタルなので
回線が安定しています

ISDNは、電話やFAX、データ通信などを統合して扱うことのできるデジタル通信網の規格です。
日本ではNTTが「INSネット」の名称でサービスを提供しています。

ISDNはデジタル回線となりますので、通常のアナログ通話に用いる電話機やFAXは、DSUやTAといった機器を介して接続します。

アナログ機器はアナログポートへ
ターミナルアダプタ(TA)
ISDN回線
デジタル機器はデジタルポートへ
回線接続装置(DSU)

このデジタル回線の中は、チャネルという概念によって3本の仮想的な回線に分けられています。

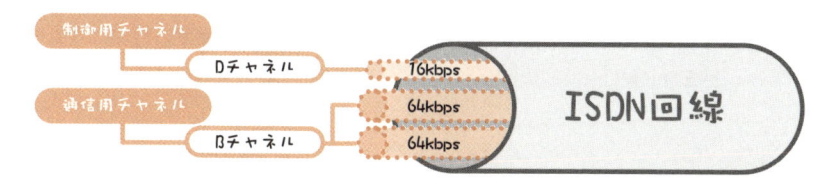

制御用チャネル
Dチャネル 16kbps
通信用チャネル
Bチャネル 64kbps
Bチャネル 64kbps
ISDN回線

Bチャネルは1本を1回線として利用できるので、電話回線として同時に2本使用することができます。

xDSL
(x Digital Subscriber Line)
エックスディーエスエル

　電話局と加入者宅間にアナログ電話用として敷設されている既存の銅線を用いて、数Mbpsという高速なデジタル通信を行うための技術です。用途や速度によって様々なバリエーションがあり、それらを総称してxDSLと呼びます。

　アナログの電話回線では、電話局と加入者宅を接続した銅線にアナログの電気信号を流すことで通話を行います。一般にこのアナログ通話で利用される周波数帯域は4kHzまでと言われており、xDSLはそれよりも高い周波数帯域を利用することで、高速なデータ通信を行います。ただし、電話用のケーブルを流用しているために、高周波の信号は減衰してしまいます。そのため、電話局から数km以内の短距離でないと利用することはできません。

　xDSLで通信を行うケーブルの両端には、スプリッタと呼ばれる器具を取り付けます。これは、周波数帯域によってアナログ通話とデータ通信の信号を切り分けるものです。スプリッタにより分配された信号は、アナログ通話用のものは一般電話機に、データ通信用のものはxDSLモデムにつながれ、互いに干渉しあうことはありません。そのため、音声通話とデータ通信を同時に行うことができるのです。

　xDSLでは、既存の電話線を流用して高速なデータ通信ができるため、光ファイバの普及を目指すFTTH(Fiber To The Home)と並行して注目されています。

関連用語

ISDN
(Integrated Services Digital Network) ···98
ADSL
(Asymmetric Digital Subscriber Line) ···102
FTTH(Fiber To The Home) ···············104
bps(bits per second) ···················132
インターネット(Internet) ················176

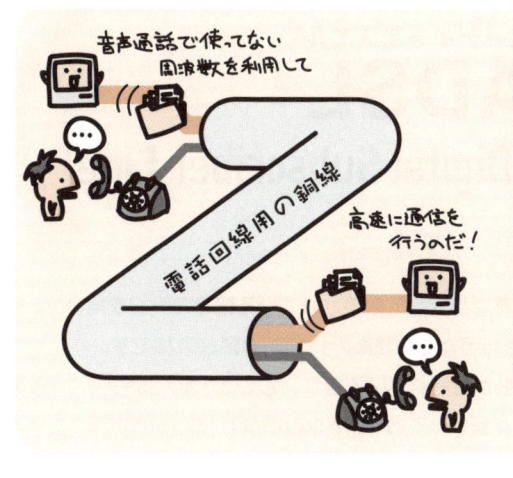

xDSLは、通常の電話用に敷設されている銅線を用いて、数Mbpsという高速なデジタル通信を行うための技術です。
用途や速度によって様々なバリエーションがあり、それらを総称してxDSLと呼びます。

アナログ電話では銅線が伝送できる周波数帯域の数%しか利用していないため、それ以外の周波数を利用して高速な通信を行います。

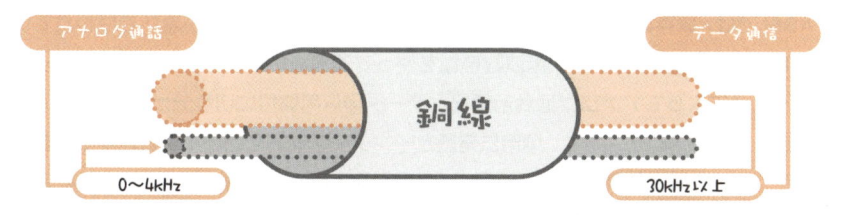

電話回線から出力される信号は、スプリッタという機器を使って周波数帯域別に切り分けることで、お互いの干渉を防ぎます。

電話用のケーブルを流用して高周波信号を送るため、信号が距離の影響を受けて減衰してしまうのが難点です。

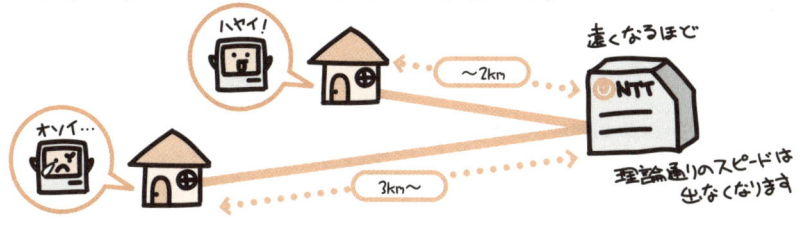

ADSL
エーディーエスエル
(Asymmetric Digital Subscriber Line)

　電話局と加入者宅間にアナログ電話用として敷設されている既存の銅線を用いて、数Mbpsという高速なデジタル通信を行うための技術の1つで、xDSLの1種です。

　非対称(Asymmetric)という名前が冠されている通り、電話局→加入者宅(下り)と電話局←加入者宅(上り)で通信速度が異なっており、下りの場合で1.5～50Mbps、上りの場合で512kbps～5Mbpsという速度になっています。これは、主にインターネットのような利用を想定した場合、画像や文章などをダウンロードする用途の方が多いため、電話局→加入者宅(下り)速度を高速にした方が適しているからです。

　ADSLでは、既存の電話線を利用することになりますが、アナログ通話で使われている4kHzまでの周波数より高い周波数帯域を使って通信を行います。両者はスプリッタという器具によってアナログ通話用信号とデータ通信用信号に切り分けられますので、互いに干渉しあうこともなく、同時に電話とインターネットを使用することができます。さらに、データ通信部分に関しては、NTTの電話交換機を介さないために、電話と違って利用時間に関係なく、定額料金でサービスを受けることができます。

　日本では、ISDNと干渉する恐れがあるとの理由から実用化が遅れ気味でしたが、現在では光ファイバによるFTTH(Fiber To The Home)と並行して、広く一般に普及しています。

関連用語

ISDN
(Integrated Services Digital Network) ⋯98
xDSL
(x Digital Subscriber Line) ⋯⋯⋯⋯⋯100

FTTH(Fiber To The Home) ⋯⋯⋯⋯⋯104
bps(bits per second) ⋯⋯⋯⋯⋯⋯⋯⋯132
インターネット(Internet) ⋯⋯⋯⋯⋯⋯176

ADSLは、アナログ電話用の銅線を用いて高速なデジタル通信を行うxDSLの1種です。
非対称(Asymmetric)という名が示す通り、電話局→加入者宅(下り)と電話局←加入者宅(上り)で速度が違うのが特徴です。

ADSLは、周波数帯域の非対称性から、インターネットから画像や文章を持ってくる下り用途(ダウンロード)が速く、逆の上り用途(アップロード)は遅くなっています。

データ通信はスプリッタによって切り分けられて、NTTの電話交換機を介さずにインターネットへ繋がるため、利用時間に関係なく一定額でサービスを受けることができます。

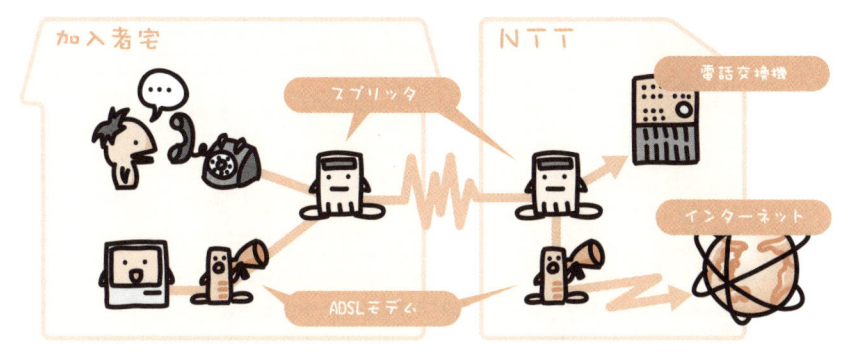

ワイド・エリア・ネットワーク編

エフティーティーエイチ
FTTH
(Fiber To The Home)

　現在、電話局と加入者宅間はアナログ電話用の銅線で接続されています。これを、より高速通信が可能となる光ファイバに置き換えることで、全家庭に高速な通信環境を構築しようとする計画がFTTH(Fiber To The Home)です。それが転じて、現在は「光ファイバを用いたインターネット接続サービス」自体をFTTHと呼称することもあります。

　光ファイバは外乱に強く、銅線とは違って外部からの影響を受けません。そのため、高速な伝送特性を生かした高品質の通信が可能となります。通信速度は10Mbps～1Gbpsと非常に高速で、従来は現実的ではなかった音楽や動画といったマルチメディアコンテンツの配信もじゅうぶん実用的となりました。現在は、ネットワークを利用した各種サービスのインフラとして、様々な用途で活用がはじまっています。

　こうした光ファイバ網による接続サービスは、当初は東京・大阪・名古屋といった大都市や政令都市クラスまでに限られていました。しかしサービスインから既に数年が経過したことで、最近ではかなりの範囲が網羅されるようになりました。今ではNTTやKDDIなどが全国的なサービスとして手がけています。

　しかし一方で、以前は「FTTHまでのつなぎ技術」と見られていたADSLとは、共存していく方向に収束しつつあります。サービス料金がそれなりに高価であるため、より安価なADSLサービスと比較して、利用者が自身の求める速度に応じてサービスを選択するといったスタイルに落ち着きつつあるのです。

関連用語

bps(bits per second) ……………… 132　　インターネット(Internet) ……………… 176

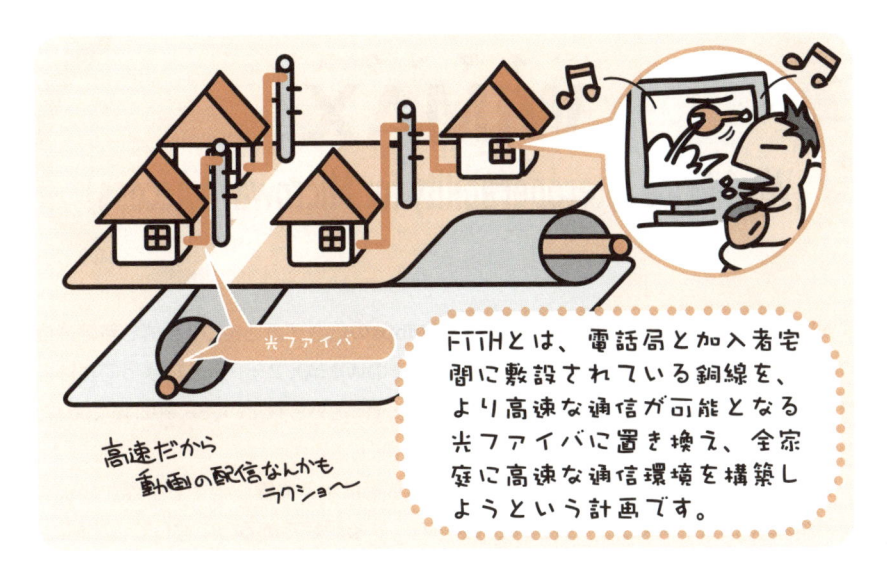

高速だから
動画の配信なんかも
ラクショ〜

FTTHとは、電話局と加入者宅間に敷設されている銅線を、より高速な通信が可能となる光ファイバに置き換え、全家庭に高速な通信環境を構築しようという計画です。

光ファイバとは、光によって情報を伝送するケーブルのことです。

非常に高速な伝送能力を持っており、銅線と違って外乱にも強いため、きわめて高品質な通信が可能となります。

FTTH　10〜1Gbps

ADSL　1.5〜50Mbps

ISDN　64〜128kbps

❹ ワイド・エリア・ネットワーク編

WiMAX
ワイマックス
(Worldwide Interoperability for Microwave Access)

　WiMAXとは、最長で50kmの伝送距離と75Mbpsの伝送速度を持つ、高速な無線通信規格のことです。「WiMAX」という名前は業界団体のWiMAXフォーラムによって付けられた愛称であり、IEEE 802.16aという規格をベースに定められた、IEEE 802.16-2004という規格がその中身となります。

　無線通信という枠で捉えれば、IEEE 802.11gなどによる無線LANが思い浮かびますが、無線LANが宅内など狭い範囲のLANをカバーする想定であるのに対して、WiMAXは数10kmという中長距離エリアをカバーする目的で用いられるものです。特に米国では、広い国土が災いしてADSLやFTTHの敷設が難しい地域があるため、そうした過疎地域に対してブロードバンド接続サービスを提供する手段として注目されています。

　WiMAXフォーラムでは各社の通信機器テストを行っており、そこで機器間の互換性を検証しています。同フォーラムによって互換性が確認できた機器には、「WiMAX準拠」という認定が与えられ、これによってメーカー間の相互接続性が保証されます。

　WiMAXには他にも、IEEE 802.16-2004に対してハンドオーバーの仕様を付加したIEEE 802.16eという規格をベースにしたものがあります。こちらは「モバイルWiMAX」と呼ばれ、携帯電話やPHSのような移動体端末で、高速なデータ通信を行うための規格です。

関連用語

LAN(Local Area Network) ……… 92	FTTH(Fiber To The Home) ……… 104
無線LAN ……………………………… 76	携帯電話(Cellular Phone) ……… 254
ブロードバンド(BroadBand) …… 108	PHS ………………………………… 256
ADSL (Asymmetric Digital Subscriber Line) … 102	ハンドオーバー …………………… 266

WiMAXというのは、数10kmという広い範囲をカバーする無線通信規格のこと。
過疎地域に対してブロードバンドサービスを提供する手段として注目されています。

通常だと、ブロードバンドサービスというのは、FTTHやADSLで提供されるのが一般的です。

ところがこのような過疎地になると…

回線を敷設しようにも、あまりに基地局から距離がありすぎて、コスト面的にも現実的じゃなかったり。

あぁ…なんて孤独なロンリーハート

そこで無線のWiMAX!!

※あくまでもイメージです。

無線で通信することができるので、各戸への回線敷設コストを考える必要なしに、ブロードバンドサービスが提供できるのです。

❹ ワイド・エリア・ネットワーク編

ブロードバンド
（BroadBand）

　ブロードは「広い」、バンドは「帯域」という意味で、あわせて「広帯域」という意味になる言葉です。広い帯域を持つ通信回線ということで、ADSLやFTTH、ケーブルテレビ網などによる高速なインターネット接続を指して用います。ブロードバンドの反語としてナローバンド（狭帯域）という言葉もあり、ISDNやアナログモデムといった28.8kbps～128kbps程度の速度となる接続に関してはこの言葉が用いられます。

　高速なインターネット接続回線とは言っても、どれくらいの転送速度を持つ回線がそうなのかといった明確な指針はなく、一般にはISDNやアナログモデムによる通信速度よりも高速なものを総括してブロードバンドと言っています。そのため、現在ADSLがブロードバンドサービスと呼ばれているといっても、より高速な回線が一般化された場合、ADSLは逆にナローバンドと呼ばれてしまうことになるかもしれません。

　ブロードバンドと呼ばれている接続サービスは、高速であることの他に定額料金による常時接続サービスであることも特徴です。そのため、ブロードバンドという言葉には、常時接続環境という前提も含まれていることが多く、「高速なインターネット常時接続」という意味合いが強いと言えます。

　現在はADSLやFTTHのようなブロードバンドサービスが普及したため、これまでは実用的でなかった動画配信などが可能となり、様々なサービスの広がりを見せています。

関連用語

ISDN
(Integrated Services Digital Network) ⋯98
ADSL
(Asymmetric Digital Subscriber Line) ⋯102
FTTH(Fiber To The Home) ⋯⋯⋯⋯⋯104
モデム ⋯⋯⋯⋯⋯⋯⋯⋯⋯⋯⋯⋯⋯⋯130
インターネット(Internet) ⋯⋯⋯⋯⋯⋯176

ブロードバンドとは、広帯域という意味で、広い帯域幅を持つ高速なインターネット常時接続回線のことを示します。ADSLやケーブルテレビ、FTTHなどが該当します。

高速な常時接続回線を ブロードバンドと呼びます

道幅に例えると、ブロードバンドは従来のナローバンドに比べて車線数も多く、渋滞知らずの高速道路というイメージです。

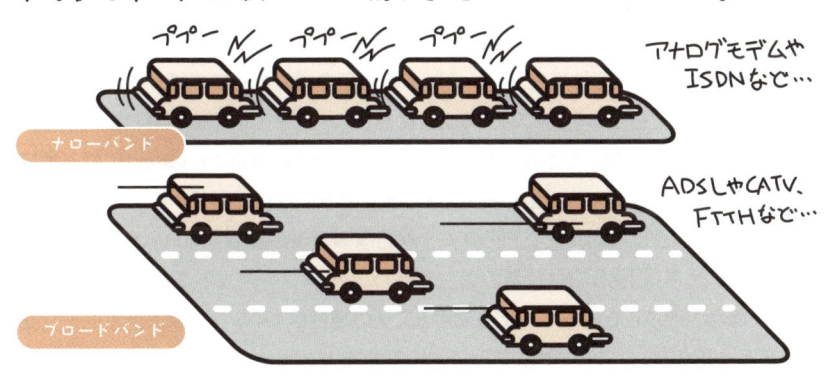

アナログモデムやISDNなど…
ADSLやCATV、FTTHなど…

回線速度が高速なものになることで従来は実用的でなかった動画配信などが可能となり、様々なサービスの広がりを見せています。

IP電話
アイピー

　電話網の一部をインターネット経由に置き換えた電話サービスのことです。途中の回線をインターネット経由にすることで、従来の「距離と時間に応じた従量課金制」を採る必要がなく、多くの事業者が「距離に依らず一定な安い電話料金」を売りにサービスを提供しています。

　IP電話のIPとは「Internet Protocol」の略で、そのものズバリ「Internet Protocolを利用した電話サービス」という意味を示します。初期の頃は事業者毎に独特な規格を用いるケースがほとんどで、あくまでも閉じた範囲内の通話サービスに限られていました。しかし現在では、VoIP（Voice over IP）というIPネットワーク上で音声通話を実現する技術に対してH.323という標準規格が定められ、VoIP用の機材として各社が開発するルータや交換機に関してもこの規格に準ずるようになりました。そのため相互の接続制が向上することとなり、通信事業者のみでなくISP（Internet Service Provider）のサービスメニューにも名を連ねるほど、広く一般に普及するようになっています。

　ただしIP電話という言葉を、上記のような通信事業者の提供する「VoIP技術を利用した電話サービス」に限るのは狭義の場合であり、「インターネットを介した音声通話全般」をIP電話と呼ぶことも珍しくありません。その場合は、インスタントメッセージを介した音声通話なども、この枠内に入ることとなります。

関連用語

- ネットワークプロトコル ……………… 36
- IP（Internet Protocol）……………… 40
- ルータ ………………………………… 124
- モデム ………………………………… 130
- ゲートウェイ ………………………… 134
- インターネット（Internet）…………… 176
- ISP（Internet Service Provider）…… 178
- インスタントメッセージ
  （IM:Instant Message）……………… 192

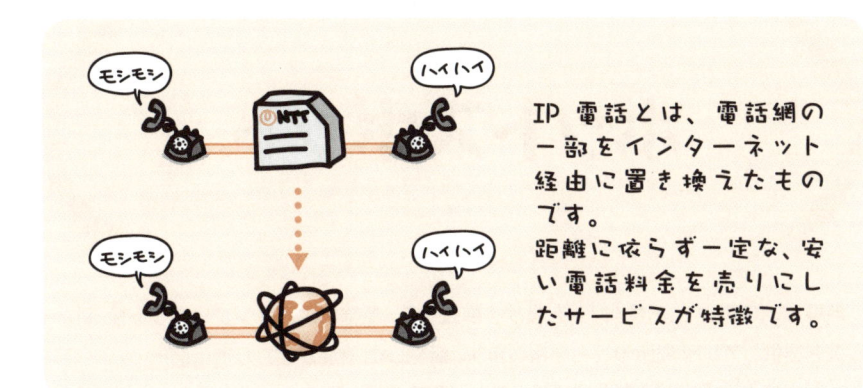

IP電話とは、電話網の一部をインターネット経由に置き換えたものです。
距離に依らず一定な、安い電話料金を売りにしたサービスが特徴です。

音声は、VoIP機能を持つルータなどによって、パケットに変換されます。

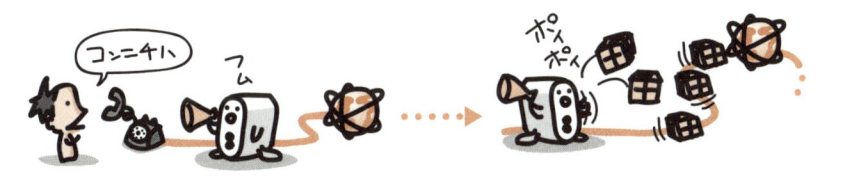

そしたらそのパケットは、Internet Protocolを使って相手先へと届けられ…

ふたたび音声にもどって、電話の役目を果たします。

④ ワイド・エリア・ネットワーク編

ホットスポット

　無線LANのアクセスポイントを設けるなどして、無線によるインターネット接続サービスを提供している場所のことを指します。無線LAN機能が当たり前にノートパソコンへ搭載されるようになった昨今では、年々潜在的需要が高まりつつあるサービスのひとつだと言えます。

　ホテルや飲食店が独自のゲストサービスとして提供する他、ISP（Internet Service Provider）による商用サービスなど、無料・有料を問わず様々なものがありますが、基本的にホットスポットとは「無線接続できる場所」の意味なので、サービスの形態は問いません。設置場所としては、主にホテルや飲食店、鉄道の各駅構内や空港といった場所に多く見られます。

　商用サービスの場合は事前に会員登録を必要とする会員制を採るものが多く、事業者をまたぐ利用はできないのが普通です。そのため、同様の似たサービスであったとしても、あるファーストフードチェーン店では利用できるものが、隣のファーストフードチェーン店では利用できないということが頻繁に起こりえます。最近では、こうした不便さを解消しようと、事業者間の相互乗り入れを可能にするローミングサービスなども登場しはじめており、ホットスポットはその量・質ともに年々向上する傾向にあります。

　なお、「ホットスポット」という言葉についてはNTTコミュニケーションズ社が商標登録を取っているため、それ以外の各社では別の呼称を用いてこのサービスを表しています。

関連用語

無線LAN ……………………………… 76　　ISP（Internet Service Provider）………… 178
インターネット（Internet） ……………… 176

ホットスポットとは、「無線接続できる場所」の意味。
無線によるインターネット接続サービスの提供場所を、このように呼びます。

ホットスポットとは、無線LANのアクセスポイントなどを設けることで…

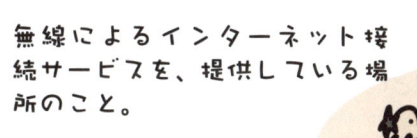

無線によるインターネット接続サービスを、提供している場所のこと。

ホテルや飲食店の他、駅構内などの公共スペースにも…

こうしたものが増えつつあります。

column

「WANと電線」

　自分が就職したコンピュータソフトウェア会社は、規模は小さかったのですが、オフィス移転の真っ最中で、開発部と本社との入居ビルが道一つ隔てた先に分かれていました。

　新人の役目と言えば社内の雑用ですね。実のところネットワーク管理者なんてものは、雑用一般やらされる係みたいなものなので、必然的にそこのお手伝いをする機会があったわけですよ。さて、そこでお手伝いとして行ったのが、新しく購入したパソコンにWindowsNTというOSをインストールするというもの。渡された手順書をもとに、CDつっこんでパチパチと設定をやっていくわけですが、なんせドシロウトなものですから、これだけのことでも胸はドキドキです。間違えるとパソコンが壊れてしまうとか思ったりなんかしてね。

　とりあえずインストールが終わって、簡単な設定が完了するといよいよネットワーク管理者さまのご登場です。手順書通りの設定に間違いなくなっていることを確認して、おもむろにその人が叩くコマンドがTelnet。ネットワークの導通を確認するってことで、開発部内にあるUNIXマシンへログインして見せたのです。

　見ているこっちは「へっ!?」ってなもんです。正直かなり衝撃を受けました。だって道一つ隔てたビルの中にあるコンピュータへ接続してるんですよ。なぜそんなことができるのか、まるで魔法でも見たかのような気分でした。

　それをその人に尋ねたら、「あっちとこっちのビルを専用線でつないでるから」という答え。そうなんだ、専用のケーブルで接続されてるんだ。

　この後しばらく、ビルの前に突っ立っている電柱を見ては、「あの電線がそうなのかな」なんて思ってた自分。今にしてみればとても若かったなぁと思います。

5章

ハードウェア編

❺ ハードウェア編

NIC
（Network Interface Card）
（ニック）

　ネットワークインターフェイスカードの略で、コンピュータをネットワークに接続するための拡張カードを示し、他に「LANボード」「LANカード」「LANアダプタ」といった呼び方があります。現在もっとも普及しているのがEthernet規格であるため、単にNICといった場合には、Ethernet用のカードを示すことがほとんどです。

　NICはネットワークとのインターフェイスであり、物理的なネットワークとの接点というべきものです。ネットワークを送られてきたデータは、ケーブル上では単なる電気信号ですが、NICを介することで解釈可能な通信データとしてコンピュータに送られるのです。

　NICの形態として一般的なものは、コンピュータ内のPCIバスと呼ばれる拡張スロットに増設する形態のものです。しかし、その他にもPCカードやUSB接続といった様々な形態があり、使用するコンピュータに適したものを選択できるようになっています。Ethernet規格の中でも100Mbpsで通信を行うことができる100BASE-TXに対応したものがもっとも普及しており、多くのメーカーから安価な製品が市販されています。

　ただし、最近のパソコンでは基本となるチップセットの中にこの機能を組み込んだものがほとんどとなっているため、ネットワークインターフェイスを標準で備えているケースが当たり前と言っていいほどになりました。

　現在チップセットに内蔵されているNICの機能は、100BASE-TXよりも高速な1000BASE-Tに対応したものが一般的です。その通信速度は1Gbpsに及びます。

関連用語

LAN（Local Area Network）	62	bps（bits per second）	132
Ethernet	72		

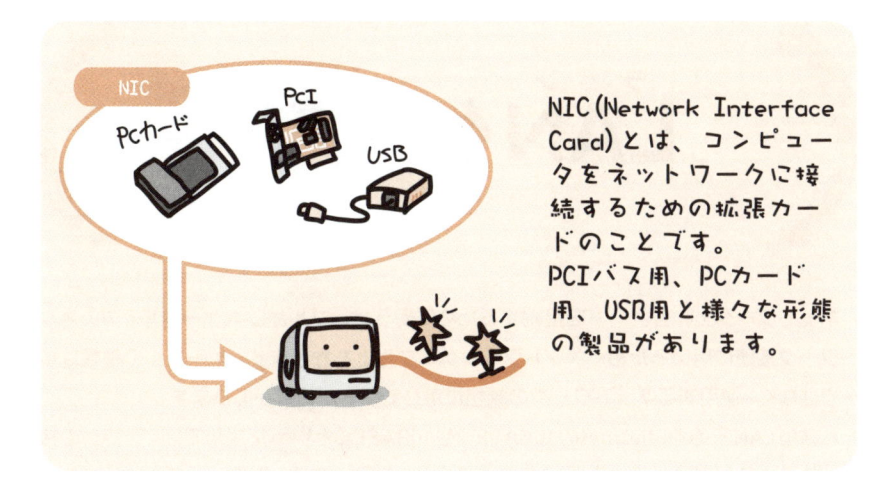

NIC (Network Interface Card) とは、コンピュータをネットワークに接続するための拡張カードのことです。
PCIバス用、PCカード用、USB用と様々な形態の製品があります。

NICは送信データを電気信号へと変換してケーブル上に流します。

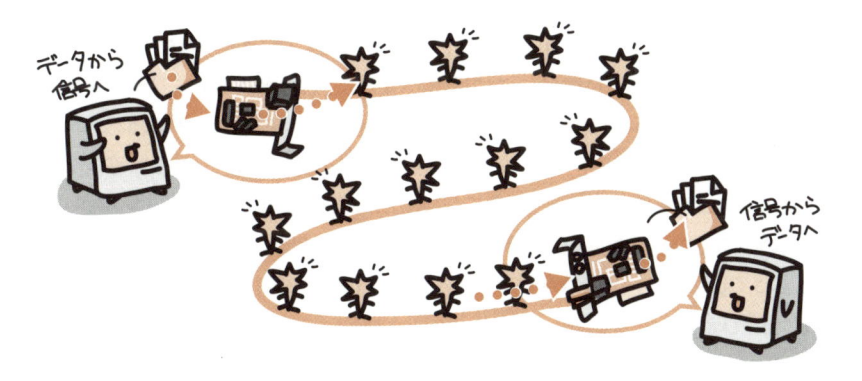

コンピュータに取り付けたNICにLANケーブルを接続することで、コンピュータとネットワークとが接続されます。

LANケーブル

　ネットワーク上の各ノードを接続するために使うケーブルがLANケーブルです。ネットワーク接続に用いるため、ネットワークケーブルとも呼びます。ケーブルの種類は単一ではなく、使用するネットワークの規格に応じて様々な種類があります。

　バス型LANであるEthernetの10BASE-2や10BASE-5といった規格では、テレビの接続に使うような同軸ケーブルをLANケーブルとして用います。そのケーブル特性についても定められており、10BASE-2では太さ5mmの同軸ケーブル（Thin coax）、10BASE-5では太さ10mmの同軸ケーブル（Thick coax）を利用します。

　スター型LANであるEthernetの10BASE-Tや100BASE-TX、1000BASE-Tといった規格では、ツイストペア（より線）ケーブルを用います。これは電話線のモジュラーケーブルと似た構造を持つもので、電話線が4本の内部線を持つのに対し、8本の線をそれぞれ対により合わせた4対のツイストペア構造となっています。このケーブルは等級によってさらにカテゴライズされており、カテゴリ3が10BASE-T用、カテゴリ5が100BASE-TX用、カテゴリ5eが1000BASE-T用となります。カテゴリはアッパーコンパチ（上位互換）となっているため、上位のカテゴリ5eを使って100BASE-TXネットワークを構築しても問題ありません。

　最後にリング型LANとなるToken Ringですが、こちらもEthernetの10BASE-Tや100BASE-TXと同様にツイストペアケーブルを用います。使用するケーブルのカテゴリは伝送速度によって異なり、4Mbpsの場合にはカテゴリ3、16Mbpsの場合にはカテゴリ4を用います。

関連用語

ノード ……………………………… 48	リング型LAN ……………………… 70
LAN(Local Area Network) …… 62	Ethernet …………………………… 72
スター型LAN ……………………… 66	Token Ring ………………………… 74
バス型LAN ………………………… 68	bps(bits per second) ………… 132

LANケーブルとは、各コンピュータを物理的にネットワークと接続するために用いるケーブルです。
電気信号に変換された通信データの通り道となります。

LANケーブルで接続することによって、コンピュータ間でデータをやり取りできるようになります。

LANケーブルには、使用するネットワークの規格に応じて様々な種類があります。

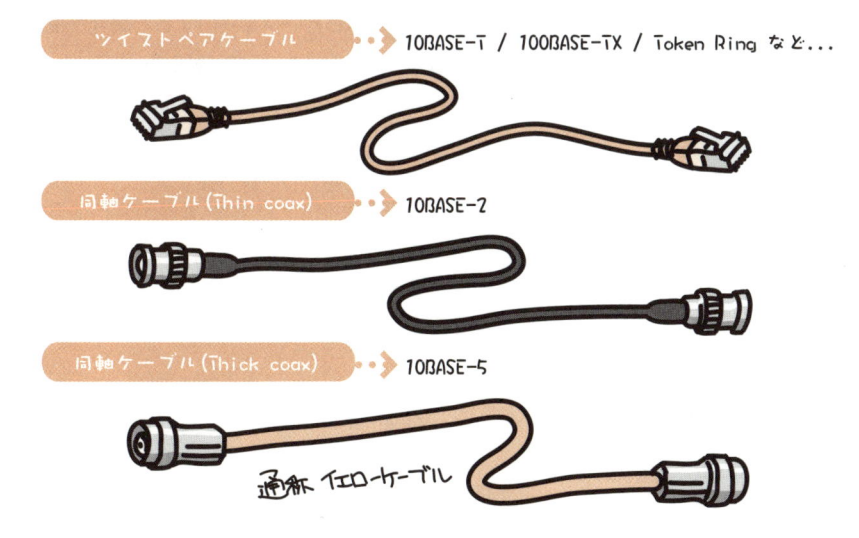

ツイストペアケーブル ･･･> 10BASE-T / 100BASE-TX / Token Ring など...

同軸ケーブル (Thin coax) ･･･> 10BASE-2

同軸ケーブル (Thick coax) ･･･> 10BASE-5

通称 イエローケーブル

❺ ハードウェア編

リピータ

　OSI参照モデル第1層（物理層）の中継機能を提供する装置です。

　ネットワークではLANケーブル上に電気信号を流すことで通信データを送出します。しかし、ケーブルが長くなるにしたがって、その中を流れる電気信号は減衰してしまい、最終的には解釈不可能な信号となってしまいます。そのため、LANの規格においては10BASE-5や10BASE-Tといった各方式ごとに、ケーブルの総延長距離が定められています。リピータはこの減衰してしまった信号を増幅して送出することで、LANの総延長距離を伸ばすことができる中継器というわけです。

　イメージとしては拡声器のようなものを想像すれば良いでしょう。本来なら聞こえないほど遠くの場所でも、途中で拡声器によって音声が増幅されることで聞こえるようにするという動作に似ているからです。ただしその特性上、単純に入力された波形を整形して送出するだけということになり、本来なら中継する必要のないエラーパケットなども中継してしまいます。これは無駄なデータがネットワーク上を必要以上に流れてしまうということであり、効率の面であまり望ましいことではありません。

　Ethernetでは、このリピータを4つまで同一経路上に用いて、総延長距離を伸ばすことができます。上限が用いられているのは、何段階もリピータを経由すると信号が歪んでしまって解釈不能になってしまうこと、また、コリジョン（衝突）検知の仕組みが、総延長距離が長くなりすぎることによって有効に動作しなくなってしまうことからきています。

　このリピータを複数束ねてマルチポート化したものをハブと呼びます。

関連用語

OSI参照モデル	34	Ethernet	72
パケット	46	ハブ	126
LAN(Local Area Network)	62	コリジョン	136

リピータは、LANケーブルを流れる信号の中継器です。減衰してしまった電気信号を整形して再送出することで、ケーブルの総延長距離を伸ばすことができます。

規定以上の距離で通信を行おうとすると、信号が歪んでしまうために正しく通信を行うことはできません。

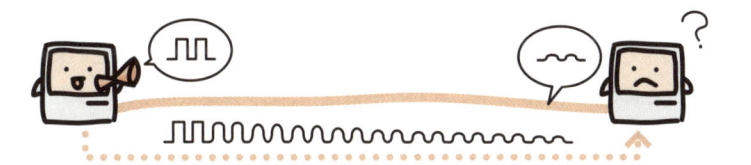

間にリピータを挟んで信号を整形させることで、信号の歪みを解消することができます。

入力された波形を整形して送出するだけなので、不要な通信パケットも中継してしまいます。

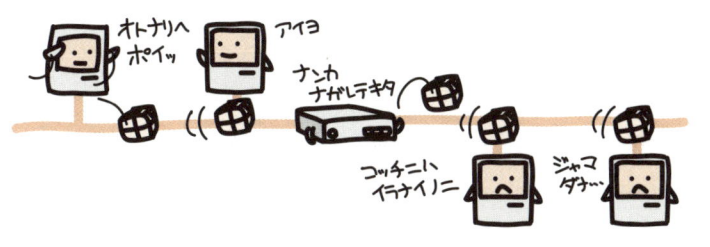

⑤ ハードウェア編

ブリッジ

　OSI参照モデル第2層(データリンク層)の中継機能を提供する装置です。
　ネットワーク上で単一の機器から送出されたパケットが、無条件に到達することができる範囲をセグメントと言いますが、ブリッジとはその名の通り、異なるセグメント間を橋渡しする役目を担います。
　ブリッジは、受信したパケットを検査して送信元と送信先の物理アドレス(MACアドレス)を記憶します。これをもとにアドレステーブルを作成することで、以後は中継を行うセグメントのどちら側に送信先となるアドレスが存在するかを把握するのです。
　受信パケットの送信先がアドレステーブル内に存在していた場合、ブリッジはそのアドレスが属しているセグメントに対してのみパケットを送出します。これによって、ネットワーク上におけるパケットの流れが制御され、セグメント内でのネットワーク効率が高まることになります。
　伝送されてきたパケットを中継して再送出しますので、ブリッジを用いればリピータと同様にLANの総延長距離を伸ばすことができます。また、不要なパケットがセグメントを越えて流れることはありませんので、コリジョン(衝突)検知に関しても問題はなく、そのためリピータにあったような多段接続の制限もありません。しかし、ブリッジの主な目的はLANの総延長距離を伸ばすことではなく、セグメントを分けることにあり、不要なパケットの流れを抑え込んで、ネットワーク効率を高めることにあります。
　このブリッジを複数束ねてマルチポート化したものをスイッチングハブと呼びます。

関連用語

OSI参照モデル	34	スイッチングハブ	128
パケット	46	コリジョン	136
LAN(Local Area Network)	62		

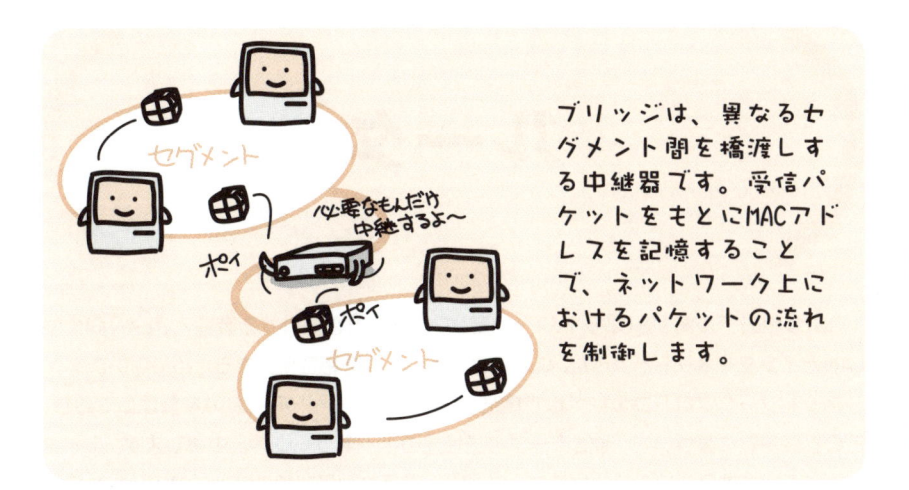

ブリッジは、異なるセグメント間を橋渡しする中継器です。受信パケットをもとにMACアドレスを記憶することで、ネットワーク上におけるパケットの流れを制御します。

ブリッジは、接続されているコンピュータのMACアドレスを記憶します。

記憶したアドレステーブルをもとに、セグメント間を橋渡しする必要のあるパケットだけ中継を行います。

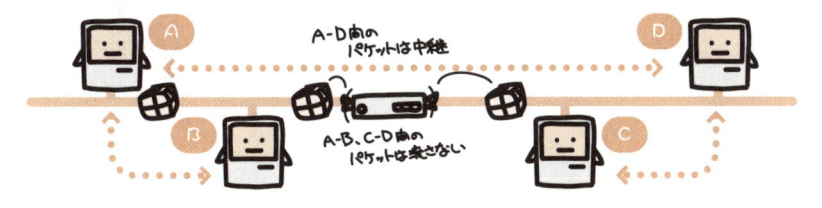

中継するパケットの送出にあたってはCSMA/CD方式に従うため、コリジョンの発生を抑制することができます。

⑤ ハードウェア編

ルータ

　OSI参照モデル第3層（ネットワーク層）の中継機能を提供する装置で、LAN同士やLANとインターネットといった、異なるネットワークを相互接続するために用います。

　ネットワークプロトコルレベルで経路情報（ルーティングテーブル）を管理しており、この経路情報に基づいて、通信データを送信先のネットワークへと中継します。ルータによって対応するプロトコルは決まっており、安価な製品ではIPのみに対応したものが一般的です。その場合、経路を選択するために用いるアドレスにはIPアドレスを使用することになります。

　IPアドレスを住所と見た場合、ルータの役割りは郵便局の役割りと似ています。郵便局では、地域ごとに郵便物の管理を行っており、担当地域内から発送された郵便物は、地域内宛てならそのまま配送し、地域外宛てであれば一旦そちらの郵便局へと配送します。ルータもこれと同じで、IPアドレスという住所をもとに、自分の属するネットワーク内（地域内）宛てであれば外部へは流さず、外部のネットワーク（地域外）宛てであった場合に、そちらのネットワークを担当するルータへとパケットを送出するのです。とはいえインターネットのように接続されたネットワークが膨大な数になる場合には、直接相手先のネットワークへ送信することは不可能です。その場合には、より処理をするのに適していると思われるルータ相手にデータを送り、そのルータからさらに適したルータへと送られていくことで、最終的には目的のネットワークへ届けられるという仕組みになっています。

関連用語

OSI参照モデル	34	IPアドレス	50
ネットワークプロトコル	36	パケット	46
IP（Internet Protocol）	40	LAN（Local Area Network）	62

ルータは、LAN同士やLANとインターネットといった、異なるネットワークを相互に接続します。ネットワークプロトコルとしてIPに対応したものが一般的で、パケットのIPアドレスをもとに転送先を選択します。

ルータは、LAN内に宛てたパケットを受信すると、外部へは流さずにそのまま配送します。

他のネットワークへ宛てたパケットを受信した場合は、そちらのネットワークを担当するルータに配送を依頼します。

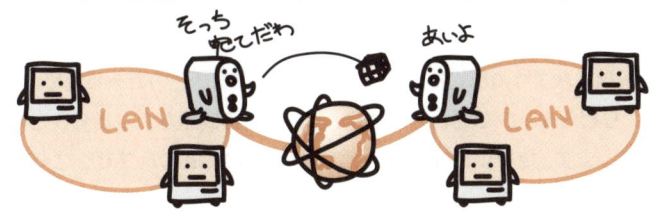

さらに遠方にあって直接やり取りが行えないネットワーク宛ての場合も、より適したルータへとバケツリレーを繰り返すことで、問題なく届けることができます。

ハブ

　ハブは複数のLANケーブルを接続するための集線装置です。Ethernetの10BASE-Tや100BASE-TX、1000BASE-Tといった規格においては、このハブを中心として各コンピュータをLANケーブルで接続し、スター型LANを形作ります。

　ハブへの接続にはLANケーブルとしてツイストペア（より線）ケーブルを用います。このケーブルの先端はRJ-45モジュラジャックとなっており、ハブにはこのジャックの差し込み口が複数用意されています。この差し込み口のことをポートと言い、4ポートから24ポートまで様々なポート数を持つ製品が出回っています。ポートに対してコンピュータを1対1で接続するため、ポート数がそのハブに接続できるコンピュータの数ということになりますが、もし、ポート数が足りなくなった場合でも、カスケード接続と言って複数のハブを連結することで、後からでも容易にポート数を増やすことができます。

　ハブにも10BASE-Tや100BASE-TX、1000BASE-Tなど対応するネットワーク規格が定められており、使用にあたってはLANに用いている規格に沿ったものを選択しなくてはいけません。ただし、デュアルスピードハブと呼ばれる製品では、10BASE-T/100BASE-TX双方に対応しているため、このハブを利用した場合は双方の規格を混在させて利用することが可能です。

　もっとも単純なハブは内部的にはリピータを複数束ねたものであるため、マルチポートリピータ、リピータハブなどとも呼ばれ、多段接続の制限などリピータと同様の制約が設けられています。ただし1000BASE-Tは規格上この形式のハブではなく、すべて「スイッチングハブ」を用います。

関連用語

LAN(Local Area Network)	62	LANケーブル	118
スター型LAN	66	リピータ	120
Ethernet	72	スイッチングハブ	128

ハブは、複数のLANケーブルを接続するための集線装置です。
内部的にはリピータを複数束ねたものであるため、マルチポートリピータ、リピータハブなどとも呼ばれます。

ハブにはLANケーブル接続用のポートが複数備わっており、このポートへコンピュータを接続します。

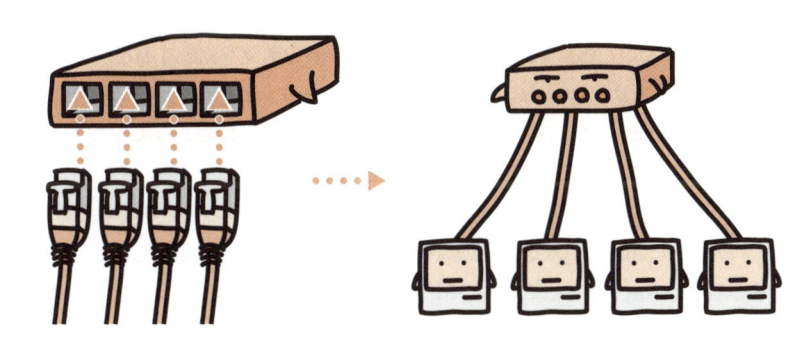

リピータと同様に、入力を単純に整形して出力するだけなので、送信されたデータは全ポートに対して出力されます。

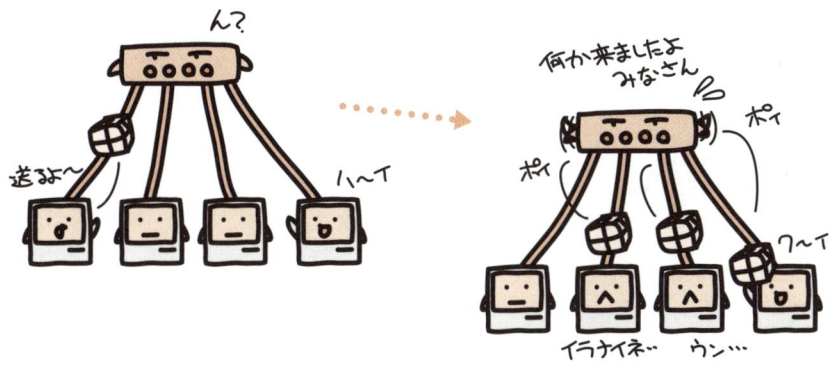

スイッチングハブ

　スイッチング機能を持つハブで、通常のハブと同様に複数のLANケーブルを接続するための集線装置です。スイッチング機能とは、ハブの持つ複数ポートのうち、実際に通信が発生したポート間のみを直結して他のポートに不要なパケットを流さないようにするものです。

　リピータの集合体であるハブ（以後リピータハブ）とは異なり、スイッチングハブはブリッジをマルチポート化したもので、マルチポートブリッジとも呼ばれます。受信パケットを全ポートに対して送出するリピータハブとは違って、スイッチングハブでは実際に通信を行うポート間にしかパケットを流しません。そのため、他のポートは同時に別の通信を行うことができます。これは同時にパケットの衝突を抑制することにもなるため、ネットワークのパフォーマンス向上につながります。また、ブリッジの特性を引き継ぎますので、リピータハブにあるような多段接続に対する制限がなく、ネットワークの総延長距離を拡大することができます。

　スイッチングハブでは、パケットを受信した時に、そのパケットが送られてきたポートと、パケットに記述された送付元のMACアドレスを対応付けて表にします。この対応表によって、どのポートにどのMACアドレスを持つ機器が接続されているかを管理し、実際のポート振り分けを行うのです。

　高速な通信規格である1000BASE-Tに対応したハブは、すべてこのスイッチングハブになります。

関連用語

LAN(Local Area Network) ……… 62	ブリッジ ……… 122
スター型LAN ……… 66	ハブ ……… 126
Ethernet ……… 72	MACアドレス
LANケーブル ……… 118	(Media Access Control Address) ……132
リピータ ……… 120	

スイッチングハブは、通常のハブと同様に複数のLANケーブルを接続するための集線装置です。スイッチング機能を持つため、実際に通信が発生したポート間のみを直結し、他のポートに余計なパケットを流しません。

スイッチングハブは各ポートに接続された機器のMACアドレスを記憶して、通信を行うポート間を直結します。

一部のポートが通信中でも、他の空いているポート同士で通信を行うことができるため、帯域を有効に使うことができます。

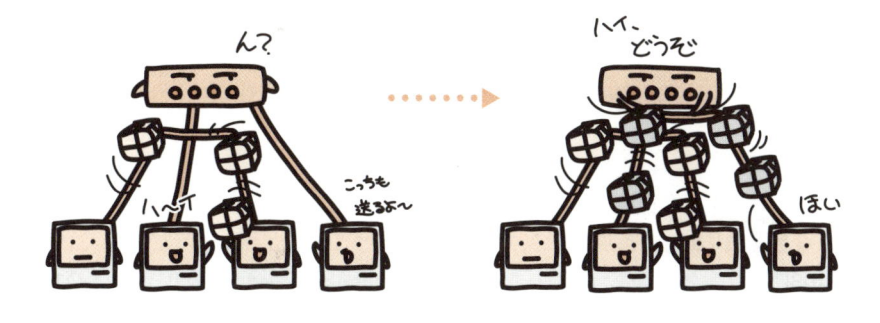

❺ ハードウェア編

モデム

　モデムとは、アナログ回線を用いてコンピュータのデジタル信号を伝送可能にするための変調復調装置です。

　コンピュータで扱うデータは0と1のみで表現されるデジタル信号であるため、電話回線のように音声の伝送を主とするアナログ回線に信号をのせるには、デジタルからアナログへの変換を行う必要があります。また、そのように変換されて送られてきたデータは、アナログから逆にデジタルへと変換して受信しなくてはいけません。

　このような、デジタルからアナログへの変換を変調（modulation）、アナログからデジタルへの変換を復調（de-modulation）と呼び、この変調復調を行ってアナログ回線とコンピュータとの橋渡しをする装置がモデムです。モデムという名前は、変調の頭文字MOdulationと復調の頭文字DE-Modulationを組み合わせたところから来ています。

　電話回線を用いて通信を行う一般的なモデムはアナログモデムであり、56kbpsの速度で通信を行うことができます。このアナログモデムにより通信を行っている最中には、電話機の受話器を取ると「ピー、ガガガガ…」という音が電話回線から聞こえてきます。これが、デジタルデータをアナログの音声に変調した音というわけです。

　モデムには他に、電話回線を用いてADSLによる通信を行うためのADSLモデムや、ケーブルTV網を利用して通信を行うケーブルモデムなどがあります。

関連用語

ADSL
（Asymmetric Digital Subscriber Line）…102

bps（bits per second） …………… 132

モデムは、コンピュータのデジタル信号をアナログ回線を用いて伝送するための装置です。
電話回線を使用するアナログモデムやADSLモデム、ケーブルTV網を使用するケーブルモデムなどがあります。

送信時には、デジタル信号からアナログ信号への変換を行います。

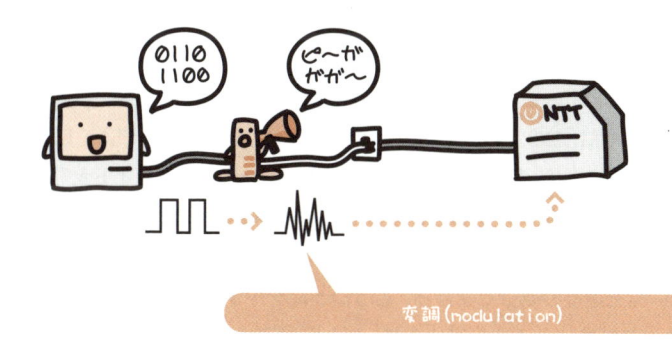

変調 (modulation)

受信時には、送信時の逆にアナログ信号からデジタル信号への変換を行います。

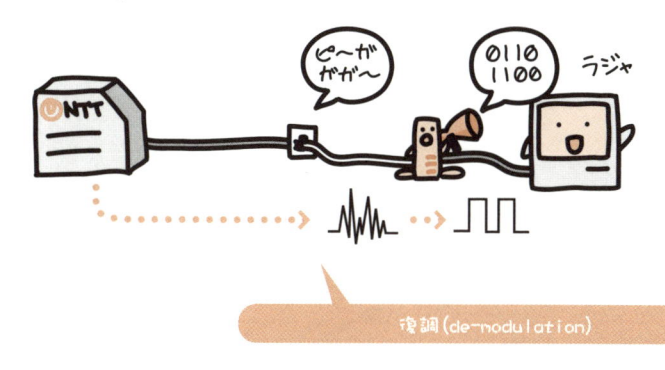

復調 (de-modulation)

❺ ハードウェア編

bps
(bits per second)
ビーピーエス

　bits per secondの略で、1秒あたりに転送できるビットの数をあらわす単位です。ビットとはコンピュータ内のデータをあらわす最小単位で、1または0のいずれかが値となります。

　コンピュータの扱うデジタルデータとは、スイッチの電気的なON/OFFを示す2進数のデータです。ビットとは、そのON/OFF状態を保持するための最小単位と捉えれば良いでしょう。

　たとえばアナログモデムの転送速度である56kbpsとは、1秒間に56k（約56,000）ビットの情報を転送できることを示し、LANの規格である100BASE-TXでは、100Mbpsの転送速度を持ちますので、1秒間に100M（約100,000,000）ビットの情報を送ることができるわけです。

　ビットと同様に、コンピュータのデータ量をあらわす単位としてよく用いられるのがバイトです。バイトはビットよりも大きな単位で、8ビットが1バイトとなります。たとえば市販のソフトウェアが納められているCD-ROMは、650Mバイトのデータを納めることができ、これをビットであらわすと5,200Mビットということになります。

　bpsとは転送速度の単位ですから、こういったデータを転送するのにどれだけの時間がかかるかを計算することができます。たとえばアナログモデムでは56kbpsという速度ですから、これでCD-ROM1枚分のデータを丸ごと転送しようとすると、650Mバイト（＝5,200Mビット＝5,200,000kビット）÷56kビットとなり、1,548分（92,858秒）かかることがわかります。これが高速な100BASE-TXでは、650Mバイト（＝5,200Mビット）÷100Mビット＝52秒となり、同じデータ量でも1分足らずの時間で転送できることがわかるわけです。

関連用語

LAN(Local Area Network)	62	モデム	130
Ethernet	72		

bpsとはbits per secondの略で、1秒間に転送することのできるビット数をあらわす単位です。たとえば100Mbpsの転送速度を持つ100BASE-TXの場合には、1秒間に100Mビットを転送できることになります。

コンピュータの扱うデジタルデータは、電気的なON/OFFのみで表現されます。

スイッチON　電気が流れている
スイッチOFF　電気が流れていない

▶ この状態を表現するための単位がビットです。スイッチがONの時は1、OFFの時は0というようにして状態をあらわします。

このような電球が8個あったとすると、表現できるパターンは256通りの組み合わせが存在します。

パターン0
パターン1
パターン2
︙
パターン253
パターン254
パターン255

▶ ビットが8個集まることで、バイトという単位になります。このバイトがデータを表現するための基本単位となります。

コンピュータは、この256通りの組み合わせを使って、たとえばどことどこがONならAを表示といった具合に文字を表現します。

ん～と、パターン65だから'A'だな　1バイト
1秒に3バイト送れるなら24bpsとなる　ん？

▶ このような数値の集まりが実際のデータとなります。bpsとは、こうしたデータを流すことができる速度を示すものです。

❺ ハードウェア編

ゲートウェイ

　LANと外のネットワークなど、2つのネットワークを接続して、相互に通信するため必要となる機器やシステムのことです。OSI参照モデルの全階層を認識して、通信媒体や伝送方式といった違いを吸収し、異機種間での接続を可能とします。

　ひとくちにゲートウェイと言ってもその内容は様々で、専用の機器である場合もあれば、コンピュータ上で稼動するソフトウェアである場合もあります。

　たとえば電子メールを例にとってみると、インターネットにおける標準的な電子メール、Lotus社のNotesメール、携帯電話から送られる電子メールなど、様々なものがあります。これらはメール自体に関する規格も違えば、ネットワークを伝送される形式も異なりますが、お互いに送信しあうことが可能となっています。これはメールゲートウェイと呼ばれる、電子メール用のゲートウェイが相互にフォーマットを変換しているからで、このように相手方のネットワークに沿った規格へ変換して、相互乗り入れを可能とするのがゲートウェイの特徴です。

　単にゲートウェイと言った時はルータを指すことが多く、この場合はLANから外のコンピュータへアクセスする場合の出入り口という意味を持ちます。特に指定がない場合に標準として使用されるゲートウェイをデフォルトゲートウェイと呼び、LAN外に向けたパケットは、一旦このデフォルトゲートウェイへ送られて外のネットワークへと流されることになります。

関連用語

OSI参照モデル	34	ルータ	124
パケット	46	インターネット(Internet)	176
LAN(Local Area Network)	62	電子メール(e-mail)	188

ゲートウェイとは、異なる世界への出入り口

ゲートウェイとは、異なる2つのネットワークを接続して、相互に通信するため必要となる機器やシステムのことです。
単にゲートウェイと言った場合には、ルータを指すことがほとんどです。

ゲートウェイは、異なる規格の仲介役として、翻訳機のように振舞う存在です。

たとえば携帯メールとインターネットの電子メールとでは、間にメールゲートウェイというシステムが入ることで、相互に送りあうことを可能にしています。

メールゲートウェイ

単にゲートウェイと言った場合には、LANと外部ネットワークとの出入り口になるルータを指します。

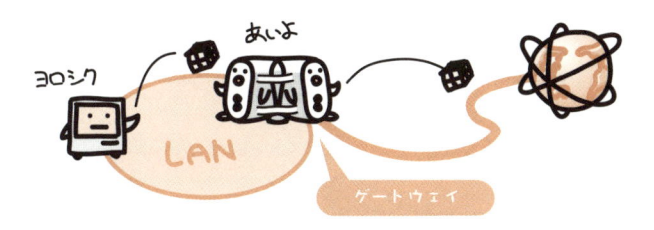

ゲートウェイ

❺ ハードウェア編

コリジョン

　コリジョンとは衝突という意味で、ネットワーク上のコンピュータが、同時にパケットを送出したために生じる衝突を意味します。

　Ethernetなど、CSMA/CD方式のネットワークでは、通信路にデータを送出する前に、現在通信が行われているかどうかを確認します。その結果、誰も通信路にデータを流していない場合にパケットを送出するわけですが、確認から送出まで若干のタイムラグがあるため、同様に確認作業を終えた他のコンピュータによって、複数のコンピュータから同時にパケットが送出されてしまうことが起こり得ます。

　複数のコンピュータからパケットが送出されると、そのパケットは通信路上で衝突することになります。この通信路上で発生する衝突のことをコリジョンと言い、コリジョンが発生すると衝突したパケットは破損してしまうため、正常な通信が行えなくなってしまいます。

　送信を行っているコンピュータは、コリジョンの発生を常時監視しており、衝突を検知するとジャミング信号を送って一旦送信を中止します。その後、送信しようとしていたコンピュータが個々にランダムな時間待機してから送信を試みることで、再びコリジョンが発生することを避けるのです。

　このような仕組みであるため、コリジョンの発生はネットワークの効率低下を引き起こすことになります。

関連用語

Ethernet ………………………………… 72　　パケット ………………………………… 46

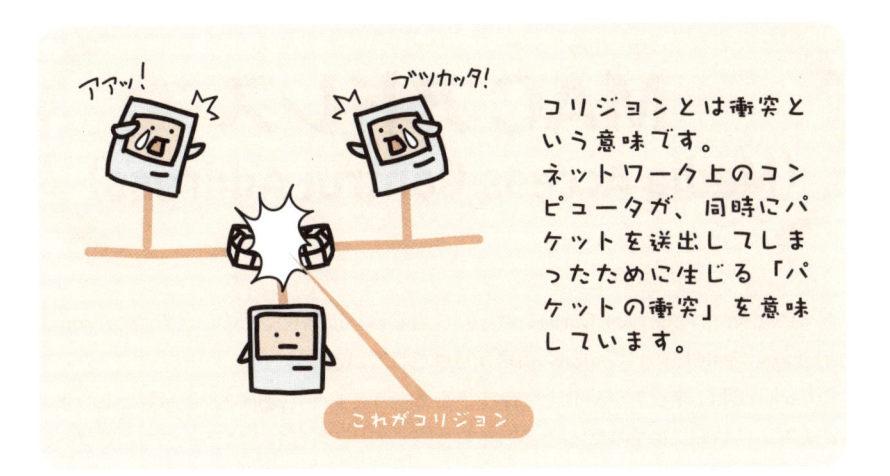

コリジョンとは衝突という意味です。ネットワーク上のコンピュータが、同時にパケットを送出してしまったために生じる「パケットの衝突」を意味しています。

（アアッ！／ブッカッタ！／これがコリジョン）

Ethernetのような CSMA/CD 方式のネットワークでは、他に送信を行っている者がいない場合に限ってデータ送信を開始します。

（ダレモツカッテナイネ → ンジャオクルトショウ）

しかし、複数のコンピュータが同時に確認作業を行った場合には、送信がかぶってしまうことがあります。

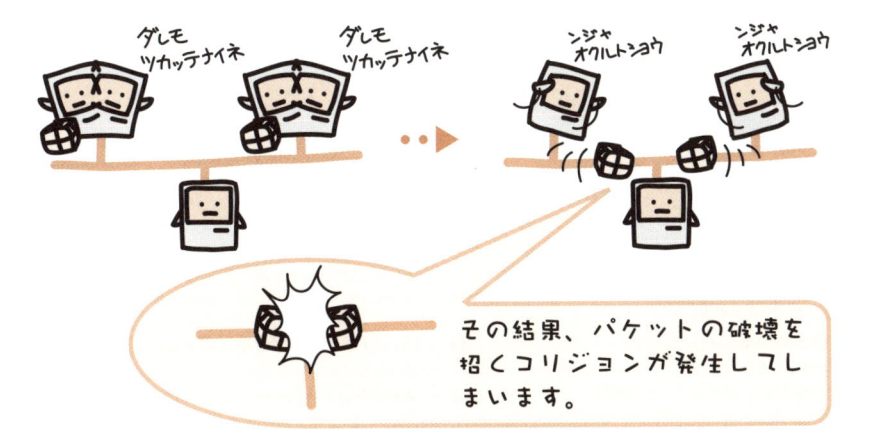

（ダレモツカッテナイネ／ダレモツカッテナイネ → ンジャオクルトショウ／ンジャオクルトショウ）

その結果、パケットの破壊を招くコリジョンが発生してしまいます。

MACアドレス
(Media Access Control Address)

　NIC（Network Interface Card）ごとに割り当てられた固有番号のことで、Ethernetでは必ず個々のNICに対して48bitの番号が付けられています。

　Ethernetでは、ネットワーク上に存在するノードをすべて識別できる必要があります。そのため、各機器には必ず固有の番号を割り当てて、これをもとにデータの送受信を行います。

　MACアドレスは先頭24bitが、製造元の識別番号になります。これは、IEEE（米国電気電子学会）によって各製造元に割り当てられたベンダコードであり、必ず一意の値となっています。後半24bitは、その製造元において自社製品に割り当てる固有番号で、これも必ず一意の値を用います。この両者を組み合わせた番号によって、個々のNICに割り当てられたMACアドレスは世界でただ1つしかなく、必ず重複しない値を割り当てられていることが保証されているのです。

　OSI参照モデルのデータリンク層で動作するブリッジやスイッチングハブでは、このMACアドレスをもとにノードを識別してパケットの中継を行います。MACアドレスは物理的に定義されたアドレスであり、ユーザによって変更することはできません。ただし、通常ユーザにおいてMACアドレスを意識する機会というのはほとんどないでしょう。

関連用語

OSI参照モデル	34	NIC(Network Interface Card)	116
Ethernet	72	ブリッジ	122
パケット	46	スイッチングハブ	128

MACアドレスとは、各NIC(Network Interface Card)ごとに割り当てられた48bitの固有番号です。データリンク層で動作するネットワーク機器は、このMACアドレスをもとに各ノードを識別します。

MACアドレスは、先頭24bitが製造元の識別番号、後半24bitが製造元において自社製品に割り当てる固有番号となっています。

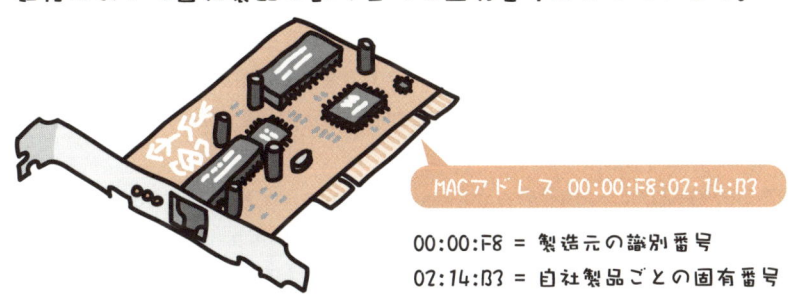

MACアドレス 00:00:F8:02:14:B3

00:00:F8 = 製造元の識別番号
02:14:B3 = 自社製品ごとの固有番号

両者が組み合わさることによって、個々のNICに割り当てられたMACアドレスは、世界でただ1つしかないことが保証されます。

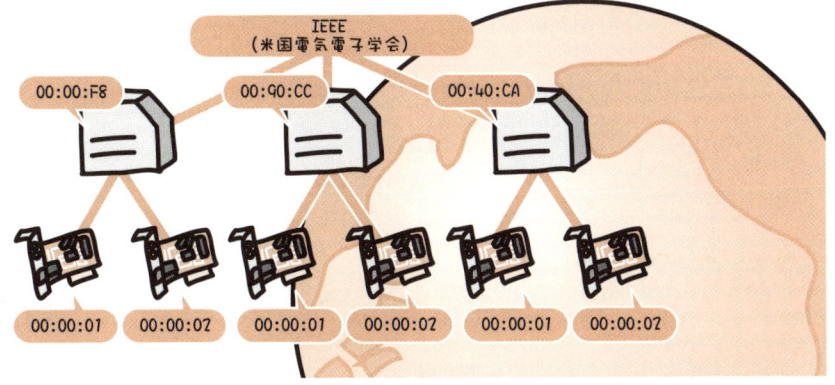

IEEE
（米国電気電子学会）

ハードウェア編

UPnP
ユニバーサルプラグアンドプレイ
（Universal Plug and Play）

　プラグアンドプレイ（Plug and Play）とは「挿せば使える」という意味で、周辺機器をコンピュータに接続した際、セットアップや設定を行わなくとも自動的に使えるようになることを示します。

　UPnPとはユニバーサルプラグアンドプレイ（Universal Plug and Play）の略で、プラグアンドプレイの考え方をネットワークにまで広げたものです。コンピュータや周辺機器、家電製品にいたるまで、ネットワークに接続して制御できるようにすることを目的とした規格で、Microsoft社によって提唱されました。

　この規格に対応した機器では、ネットワークに参加してIPアドレスを取得することや、自分自身の持つ機能に関してネットワーク上の機器に通知するといったことが自動的に行われます。これによりネットワークに対する設定の必要がなくなり、「挿せば使える」ことになるのです。

　現在この規格はMicrosoft社のWindows MeやWindows XP以降のOSが対応しており、家庭向けのルータでもUPnPを実装する製品が増えています。

　当初はMicrosoft社製品の中でUPnPを利用したビデオチャットや音声通話などが実装されるのみでしたが、近年はDLNAという「あらゆる情報機器を相互に接続し、連動させるためのガイドライン」の基盤技術として採用され、家電やAV機器の分野にまでその活用範囲を広げています。

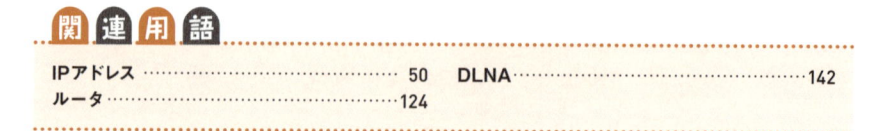

関連用語

IPアドレス ……………………………… 50	DLNA ……………………………… 142
ルータ ………………………………… 124	

プラグアンドプレイ

周辺機器を…　つなげれば…

勝手に設定まで完了して…　使えるようになります。

> このプラグアンドプレイ（挿せば使える）の考え方を、ネットワークにまで広げたものが、ユニバーサルプラグアンドプレイです。

ユニバーサルプラグアンドプレイ

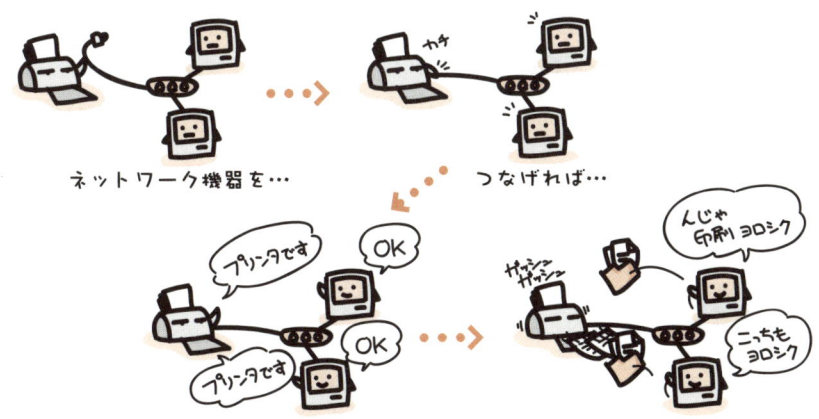

ネットワーク機器を…　つなげれば…

勝手に機能を通知して…　使えるようになります。

❺ ハードウェア編

DLNA
ディーエルエヌエー
(Digital Living Network Alliance)

　DLNAとは、家庭内のLANにおいて、異なるメーカーの家電やAV機器、パソコンなどの情報機器を相互に接続し、連動させるためのガイドラインを定める業界団体です。たとえば、「ビデオで予約録画したテレビ放送」を「パソコンで再生」したり、「パソコン上にある音楽データ」を「リビングのAVプレーヤーで再生」したりというように、それぞれの機器が持つデジタルデータを、ネットワーク経由で相互に活用できることを目的としています。

　団体の設立は2003年6月で（ただしこの時はDHWGという名称だった）、その翌年2004年6月にDLNAガイドラインのVer.1.0が策定されました。「ガイドライン」とあるように、新たな通信規格を定めたものではなく、UPnPやEthernetなど既存の規格を組み合わせて、「どのように機器間で情報のやり取りを行うか」というルールをガイドライン化したものがその中身です。単に「DLNA」とだけ書いて、このガイドラインを指すこともあります。

　翌年の2005年になるとDLNAガイドラインの認証プログラムがスタート。これ以降、このガイドラインに沿って作られた「DLNA対応機器」が市場に少しずつ増えていくことになりました。現在では、各社のHDDレコーダーや液晶テレビでも対応が増え、ゲーム機のPlaystation3でも、DLNAを用いた形で動画など各種デジタルコンテンツの視聴が可能になるなど、その活用範囲は広がっています。

　DLNAには加盟企業としてMicrosoft社やIntel社の他、パナソニック社をはじめとする多くの家電メーカーが名を連ねています。

関連用語

Ethernet	72	TCP/IP	38
UPnP	140	DHCP	150
LAN	62	HTTP	194
無線LAN	76	XML	234

DLNAとは、家電やAV機器・パソコンなどの情報機器が、LANを介して相互に連動するためのガイドラインを定める業界団体です。
ガイドラインそのものも、単に「DLNA」と呼称したりします。

気がつけば、アッチもコッチもデジタルデータを扱うようになりました。

…ってなことに、なるわけです。

「んじゃ、手順を定めてお互い連動できるようにしましょうよ」
…と決まったのがDLNAガイドライン。

DLNA対応機器同士であれば、LANを介して互いのデジタルデータをそれぞれの機器で活用できるようになります。

⑤ ハードウェア編

QoS
(Quality of Service)
キューオーエス

　QoSとは「Quality of Service」の略。Quality（品質）という語が示す通り、ネットワーク上のサービスにおいて、通信の品質を確保するために用いる技術です。

　たとえばIP電話のような通話サービスや動画の配信サービスなどではリアルタイム性が重視されるため、通信の遅延が即「音声や映像が途切れ途切れになってしまう」といった障害につながります。このようなサービスに対して、優先的にネットワークの帯域を確保してあげることでその品質を保証する技術。それがQoSというわけです。

　この機能は、主にルータなどのネットワーク機器が備えており、「優先制御」と「帯域制御」という二つの制御に大別することができます。

　通常ルータでは到着した順番にパケットを処理しますが、「優先制御」ではパケットを使用するサービスに応じて優先度を決定し、処理の順番を入れ替えます。優先度の高いパケットを先に送り出すようにするわけです。「帯域制御」では、ルータを通過するパケットの種類に応じて、それぞれの帯域を確保したり制限したりするなどして、通信品質を保ちます。

　このようにQoSは、「通信品質を確保するための制御技術」として使われる言葉ですが、より広義には「通信品質」「サービス品質」といった意味も持ちます。特定のサービスにおいてQoSを保証することを、QoS保証と言います。

関連用語

IP電話 …………… 110	パケット …………… 46
ルータ …………… 124	

QoSとは、「Quality of Service」の略。ネットワーク上のサービスにおいて、通信の品質を確保するために用いる技術です。

QoSの機能は、主にルータなどのネットワーク機器が備えています。

QoSは2種類の制御を用いて、回線の帯域を確保するべくガンバリマス。

優先制御 → 使用するサービスに応じてパケットの優先度を決定し、処理の順番を入れ替えます。

帯域制御 → パケットの通過パターンをコントロールすることで、サービスごとの帯域を制御します。

ちなみにQoSとは逆に、帯域の保証を一切行わないのがベストエフォート型のサービスと呼ばれるものです。

column

「ピーガガガーで距離を越え」

　今ではネットワーク機器として話題に上ることもなくなった古の装置があります。パソコン通信なるものが台頭して、遠くのパソコンと会話することができるんだ、すげぇと思わせてくれた頃、音響カプラというものが主流であった時代があるのです。

　この音響カプラ、見た目は電話機の受話器に似ています。それもそのはず、これって受話器にくっつけて使うシロモノだったのですよ。送話口から「ピーガガガー」とアナログ音声に変換したデータを送信して、受話口から「ピーガガガー」と同様にアナログ音声でデータを受け取る。なんて単純な仕組みだろうと思いますが、それだけにうまく受話器とくっついてないと通信できなかったりしたのです。って私自身は使ったことないんですけどね、へぇ〜こんなの使うんだ〜と見てた覚えがあるもので。

　音声でデータを流せるということは、音が伝えられるメディアであれば同様のことが可能だってことになりますよね。実際にそんな試みは行われていて、パソコンを題材にしたテレビの副音声でピーガガガーと流してたり、ラジオ番組でピーガガガーと流してたり、はたまた雑誌の付録にソノシート(ペラペラのプラスチックでできたレコード)なんかが付属していたりしてました。

　今じゃ当時とは扱うデータ量が桁違いに多いため、間違ってもそんな方法でソフトウェアの配信などできやしませんし、そんなのよりもずっと簡単にインターネットを使ってデータをやり取りすることができます。けれどもインターネットなどまだなかった時代に、ローテクと組み合わせてでも距離の壁を越えようとしていた試みは、今振り返ってみても「すごくおもしろい時代であったよな」などと思うのでした。

6章

サービス・プロトコル編

DNS
(Domain Name System)
ディーエヌエス

　TCP/IPネットワークにおいて、ホスト名(コンピュータの名前)から、対応するIPアドレスを検索して取得するサービスのことを示します。

　ネットワーク上のコンピュータには、すべてIPアドレスという識別番号が割り振られています。通信を行う際には、このIPアドレスをもとに相手を指定して情報をやり取りするわけですが、IPアドレスは32bitの単なる数値であるため人間にとって覚えにくく、扱いやすいとは言えません。そこで、人間にとってわかりやすい名前を用いてIPアドレスを指定できるように、名前解決の方法がいくつか用意されているのです。

　DNSもその1つで、このサービスが稼動しているコンピュータをDNSサーバと呼び、サーバ内ではホスト名とIPアドレスとの対応が記されたデータベースを管理しています。クライアントからの問い合わせを受けたサーバは、このデータベースを検索してホスト名に該当するIPアドレスを返却します。これによって、クライアントはIPアドレスをもとに通信を開始できるようになるわけです。

　DNSのような名前解決の手法は電話帳によく似ています。電話帳も個人の名前をもとに、一意の番号となる電話番号を検索できるわけで、ホスト名からIPアドレスを取得することと何ら違いはありません。DNSとは、いわばネットワークにおける電話帳のようなものだと思えば良いでしょう。

関連用語

クライアントとサーバ	16	ドメイン	56
TCP/IP	38	IPアドレス	50

DNSとは、コンピュータ名からIPアドレスを取得するサービスのことです。
このサービスが稼動しているコンピュータをDNSサーバと呼び、このサーバに問い合わせることでIPアドレスが取得できます。

TCP/IPネットワークでは、ネットワーク上のコンピュータをIPアドレスで識別します。

けれどもそれでは覚え辛いので、別途コンピュータには名前が付けられています。

DNSとは、この名前から対応するIPアドレスを取得するためのサービスです。

電話帳を見て、電話番号を探し出すのに良く似ています。

⑥ サービス・プロトコル編

DHCP
ディーエイチシーピー
(Dynamic Host Configuration Protocol)

　DHCPとはDynamic Host Configuration Protocolの略で、ネットワーク内のコンピュータに対してIPアドレスやサブネットマスクといったネットワーク情報を自動的に設定するためのプロトコルです。

　1つのネットワーク上では、それがプライベートIPアドレスであったとしても、重複した番号を割り当てることは許されません。そのため、ネットワーク上におけるコンピュータのIPアドレス情報は、常に把握して重複させないよう管理する必要があります。

　DHCPを利用するネットワークでは、この管理をすべてDHCPサーバが代行して行ってくれます。そのため管理する側としては手間がかからず、しかも自動的に設定されるのでIPアドレスの重複などという人為的なミスも発生しません。

　クライアントからサーバへ問い合わせを行うと、そのネットワークを利用するための各種設定と、使用して良いIPアドレスが発行されます。これによりネットワークへの接続に必要な設定がすべて自動化され、クライアント側の設定ミスが原因でネットワークへつなげることができないといったトラブルとも無縁になります。

　ISP（Internet Services Provider）を利用してインターネットに接続する際には、このDHCPによりインターネット上で用いるネットワーク設定を取得するのが一般的です。

関連用語

クライアントとサーバ …………… 16	グローバルIPアドレス …………… 82
IPアドレス …………………………… 50	インターネット（Internet）……… 176
サブネットマスク ………………… 52	ISP（Internet Services Provider）……178
プライベートIPアドレス ………… 84	

DHCPとは、ネットワーク内のコンピュータに対してIPアドレスの割り当てやサブネットマスクの設定といった、ネットワークに関する設定を自動的に行うためのサービスです。

1つのネットワーク上では、プライベートIPアドレスであっても重複することは許されません。

DHCPは、こうしたネットワーク設定を自動化することで、管理の手間や人為的な設定ミスといった要因を排除します。

ISPを利用したインターネット接続の場合にも、DHCPを使ってインターネット上でのネットワーク設定を取得するのが一般的です。

6 サービス・プロトコル編

NetBIOS
ネットバイオス
(Network BIOS)

　Network Basic Input/Output Systemの略で、日本語にすると「ネットワーク基本入出力システム」となります。その名の通り、ネットワークサービスを利用するための基本的な入出力を定義したアプリケーションプログラミングインターフェイス(API)です。

　もともとはIBM社が提唱したもので、NIC上に実装されたプログラミングインターフェイスがはじまりです。ネットワークサービスを利用するプログラムは、このインターフェイスをプログラムから呼び出すことによって、ファイル共有やプリンタ共有といった機能を実現するわけです。OSI参照モデル第4層のトランスポート層に該当するサービスが提供されており、Windows NT 4.0までのMicrosoftネットワークは、このNetBIOSによって実現されています。

　NetBIOSでは、コンピュータを識別するためにNetBIOS名という16バイトの名前を用います。そのため、NetBIOSを利用したネットワークでは、各コンピュータに対して同じNetBIOS名を付けることはできません。

　当初は、NetBEUIというネットワークプロトコル用のトランスポート層インターフェイスでしたが、現在はインターネットなどTCP/IPを用いるネットワークが普及したことにより、他のプロトコル上でもNetBIOSのインターフェイスが提供されています。特にTCP/IPをベースプロトコルとして動作するNetBIOSを、NBT(NetBIOS over TCP/IP)と呼びます。

関連用語

OSI参照モデル ……………………… 34	NetBEUI
ネットワークプロトコル …………… 36	(NetBIOS Extended User Interface) …154
TCP/IP ……………………………… 38	インターネット(Internet) ………………176
NIC(Network Interface Card) ……116	

152

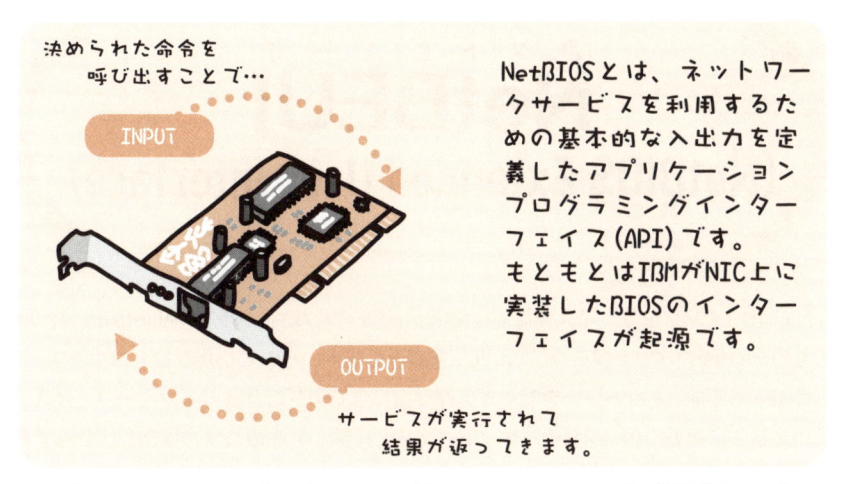

決められた命令を
呼び出すことで…

INPUT

OUTPUT

サービスが実行されて
結果が返ってきます。

NetBIOSとは、ネットワークサービスを利用するための基本的な入出力を定義したアプリケーションプログラミングインターフェイス(API)です。
もともとはIBMがNIC上に実装したBIOSのインターフェイスが起源です。

アプリケーションプログラミングインターフェイス(API)というのは、「こういうことがしたい時はこの命令を呼びなさいよ」とあらかじめ決められた命令セットのことです。

ファイル
とってきて

ハイ

シュタッ

裏で行っている処理を意識させません

アプリケーションはこの命令セットを呼び出すようにすることで、実際の通信に用いられるプロトコルなどを意識する必要がなくなります。

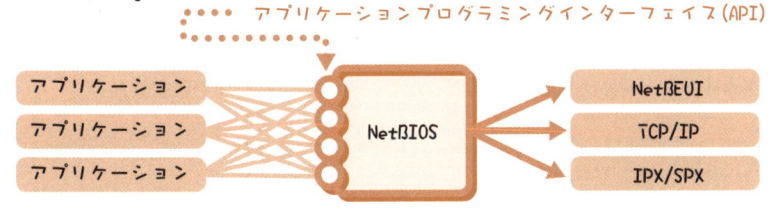

アプリケーションプログラミングインターフェイス(API)

アプリケーション
アプリケーション   NetBIOS
アプリケーション

NetBEUI
TCP/IP
IPX/SPX

NetBIOSによって実現されたネットワークでは、NetBIOS名という16バイト(16文字)の名前を使ってコンピュータを識別します。

コンピュータの
名前が…

GODZILLA

そのまま
ネットワークで

GAMERA

使われる
みたいなもんだ…

MINILLA

153

⑥ サービス・プロトコル編

NetBEUI
ネットビューイ
(NetBIOS Extended User Interface)

　NetBIOSインターフェイスを拡張したネットワークプロトコルで、Windows NT 4.0までのMicrosoftネットワークにおいて、標準として用いられていたプロトコルです。

　NetBIOSでは、ネットワークサービス呼び出しまでのプログラムインターフェイスは定められていたものの、実際のパケット構造などに関しての取り決めはありませんでした。そのため、サービス内容を拡張して、パケットの構造に関しても取り決めを行ったものがNetBEUIです。

　NetBEUIでは、TCP/IPネットワークのように、各コンピュータに対してIPアドレスを割り振る必要はありません。ネットワーク上のコンピュータは、常にNetBIOS名（コンピュータの名前）によって識別されるので、コンピュータにわかりやすい固有の名前を付けておくだけで、コンピュータ同士が互いを認識して通信することができます。

　通信相手を探すには、ブロードキャストという手法を用いて、ネットワーク上の全コンピュータにメッセージを送ります。簡単に言えば、「○○さん、いますか〜？」と全員に声をかけてみて、返事があったら通信をはじめるといったようなものです。

　基本的に管理の手間が少なく、プロトコル自体の仕様もTCP/IPと比較して軽いものとなっていますので、小規模のLANにおいては非常に良いパフォーマンスを発揮します。しかし、ブロードキャストを多用する特性から、コンピュータの台数が増えるとネットワークが飽和しやすいという弱点を持ち、ルーティングの機能もないことから、ルータを介するインターネットのような環境などでは利用することができません。

関連用語

ネットワークプロトコル	36	ルータ	124
TCP/IP	38	NetBIOS(Network BIOS)	152
IPアドレス	50	インターネット(Internet)	176
LAN(Local Area Network)	62		

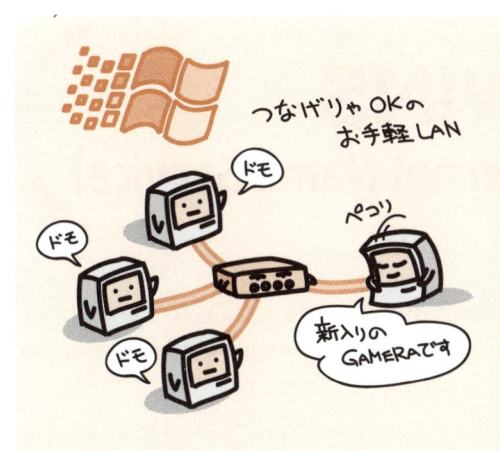

NetBEUIとは、NetBIOSインターフェイスに対してパケット構造などの取り決めを追加して、ネットワークプロトコルとしたものです。Microsoftネットワークでは、このプロトコルが標準とされていました。

NetBEUIでは、NetBIOS名(コンピュータの名前)を使って各コンピュータを識別します。

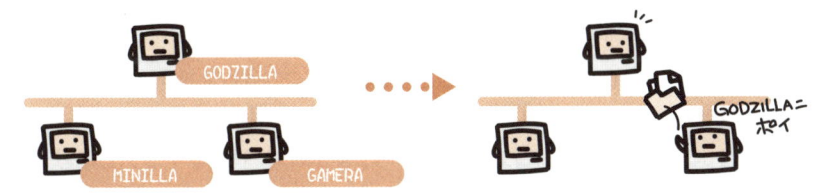

通信の仕組みは単純で、ネットワーク全体に対して通信相手の名前を呼びかけて、返事があれば通信を行うというものです。

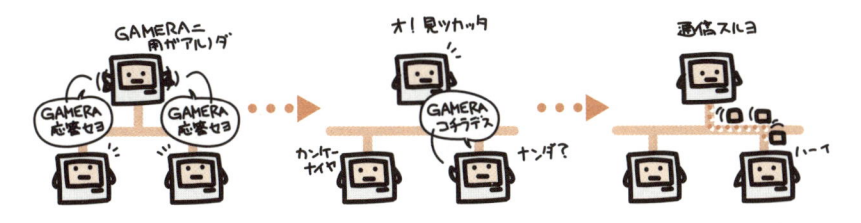

小規模のLANなら良いのですが、規模がたきくなるとネットワークが飽和しやすく、ルーティング機能がないためにルータを超えての通信も行うことはできません。

WINS（ウィンズ）
(Windows Internet Name Service)

　Microsoftネットワークにおいて、NetBIOS名（コンピュータの名前）とIPアドレスとを対応付けるためのサービスで、Windows NT系列のサーバ用OSではこのサービスを提供するためのWINSサーバが実装されています。

　NetBIOSでは、もともとNetBEUIというネットワークプロトコルをトランスポート層として用いていましたが、このプロトコルはルーティング機能を持たないため、ルータによって相互に接続されたLANや、インターネット環境などでは利用することができません。そのためこのような環境では、TCP/IPの持つルーティング機能が利用できるNBT（NetBIOS over TCP/IP）を使うことになります。

　TCP/IPネットワークでは、各コンピュータの識別にIPアドレスを用いますので、NBTを利用する場合にはIPアドレスとNetBIOS名とを相互に変換できる必要が出てきます。当初はこれに対してLMHOSTSファイルという、NetBIOS名とIPアドレスとの対応を記述したファイルを用いていたのですが、DHCPによってIPアドレスが動的に割り当てられるようになると、この方法では対処できなくなりました。

　そこで、個々のクライアントによって、自分のNetBIOS名とIPアドレスとを自動的に登録することができるWINSサービスが開発されたわけです。

　WINSサービス環境下では、クライアントは必要に応じてNetBIOS名をWINSサーバに問い合わせ、対応するIPアドレスを取得します。これによって、DHCPのような動的にIPアドレスが変化する環境においても、通信を行うことができるのです。

関連用語

- クライアントとサーバ ……………………… 16
- OSI参照モデル ……………………………… 34
- ネットワークプロトコル …………………… 36
- TCP/IP ………………………………………… 38
- IPアドレス …………………………………… 50
- LAN (Local Area Network) ………………… 62
- ルータ ………………………………………… 124
- DHCP (Dynamic Host Configuration Protocol) ……………………………………… 150
- NetBIOS (Network BIOS) …………………… 152
- NetBEUI (NetBIOS Extended User Interface) … 154
- インターネット (Internet) ……………………… 176

WINSとは、Microsoftネットワークにおいて、NetBIOS名とIPアドレスとを対応付けるためのサービスです。

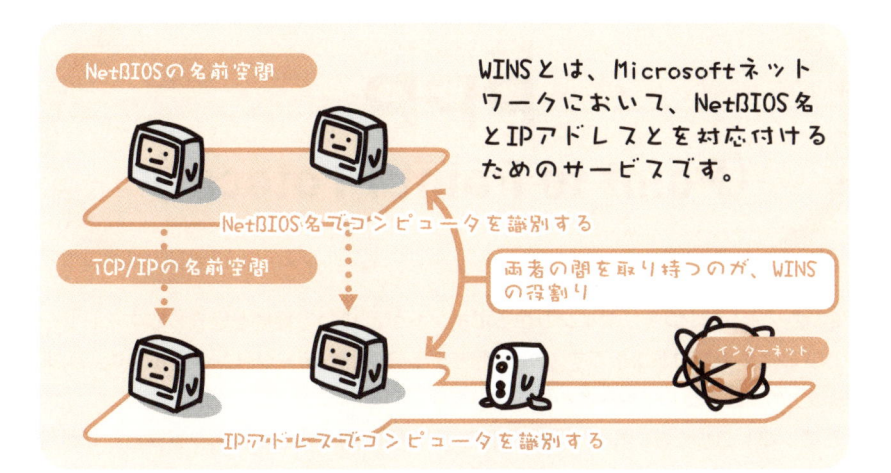

NetBIOSの名前空間

NetBIOS名でコンピュータを識別する

TCP/IPの名前空間

IPアドレスでコンピュータを識別する

両者の間を取り持つのが、WINSの役割

NetBIOS環境下で、ルータを越えて通信を行うには、プロトコルにTCP/IPを用いる必要があります。

オソトニ出タイヨ

TCP/IPジャナイトムリダネェ

デモ ウチラハ NetBIOS名デ 識別スルカラ IPアドレス ナンテ 持ッテナイノ…

しかし、そのためにはコンピュータがIPアドレスで識別できなくてはいけません。

そこで、NetBIOS名にIPアドレスを対応付けて、相互に変換しちゃいましょうとなるわけです。

ッテコトハ、両方ヲ結イワケレバイイッテコトダ

ハイ

エ～、GODZILLAハ 192.168.0.3 GAMERAハ 192.168.0.4 ト、イウコトデス

ハイ

WINSサーバ

この、NetBIOS名とIPアドレスとの関連付けを管理するサービスがWINSなのです。

❻ サービス・プロトコル編

PPP
ピーピーピー
(Point to Point Protocol)

　2つのノード間、つまりポイントからポイントへと1対1で接続を確立してネットワーク化するためのプロトコルです。OSI参照モデルの第2層（データリンク層）にあたり、第3層以上のプロトコルと組み合わせて用います。

　このプロトコルでは、ポイント間を接続している回線をネットワーク回線として利用可能にするのが主な役割りです。接続の確立時には、最初にユーザ認証を行い、問題がなければ使用するプロトコルやエラー訂正の方法などを取り交わして、通信路としての仕様を固めます。イメージとしては、ポイント間で「こんな感じで通信する回線ということにしましょうよ」とはじめに対話するようなものです。通信路が確定してしまえば、あとは通常のネットワークと同じように、TCP/IPなどを用いてネットワークへアクセスすることができます。

　PPPは、電話回線を使ってコンピュータをネットワークに接続する際によく使われるプロトコルで、外部からのリモートアクセスや、ISP（Internet Services Provider）へのダイアルアップ接続といった用途で利用されます。特にインターネットへの接続は、今でこそADSLなどの台頭によって影が薄くなりましたが、それ以前の選択肢と言えばアナログモデムによるダイアルアップ接続しかなく、PPPは非常に普及したプロトコルでした。

関連用語

OSI参照モデル	34
ネットワークプロトコル	36
ノード	48
TCP/IP	38
ADSL（Asymmetric Digital Subscriber Line）	102
モデム	130
インターネット（Internet）	176
ISP（Internet Services Provider）	178

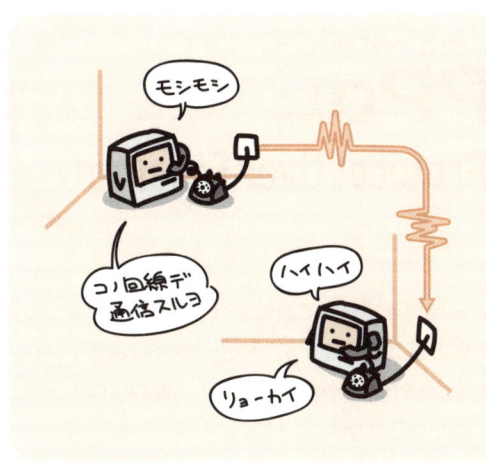

PPPとは、2つのポイント間を接続して、その回線をネットワーク回線として利用可能にするためのプロトコルです。
電話回線を利用したISPへのダイアルアップ接続などで良く用いられています。

PPPによる接続は、はじめにユーザ認証が行われます。

認証が完了すると、回線上で利用するプロトコルなどを決定して、その回線を通信路として確立します。

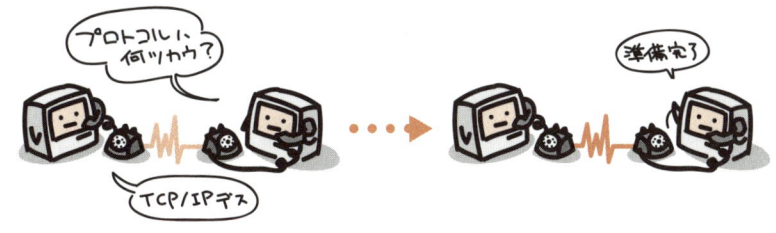

一旦通信路として確立された後は、通常のネットワークと同じようにTCP/IPなどのプロトコルを使って通信することができます。

PPPoE
ピーピーピーオーイー
(Point-to-Point Protocol Over Ethernet)

　PPP over Ethernetの略で、2つのノード間を接続して通信を行うためのプロトコルであるPPPを、Ethernet上で実現するためのプロトコルです。現在、ADSLによるインターネット接続サービスでは、そのほとんどがPPPoEを採用しており、家庭向けのルータでも、PPPoEのクライアント機能を実装したものが増えています。

　ダイアルアップ接続用に普及していたPPPには、単に2点間を接続するプロトコルというだけでなく、接続時にユーザ名やパスワードの確認を行うといったユーザ認証機能も組み込まれています。これは、特にインターネットへの接続サービスを提供するISP（Internet Services Provider）にとっては、利用者管理の面で有益なものでした。

　ところが、ADSLのような常時接続環境となると、個人であってもEthernetを用いて接続することになるため、PPPを利用することができません。そこで、PPPの持つ機能をEthernet上でも使えるようにする、PPPoEが考案されました。

　PPPoEでは、Ethernet上でPPPと同様の認証を行い、2点間の接続を確立します。これにより、ISPでは通常のダイアルアップ接続サービスと、ADSL接続サービスとを統合して運用することができるようになるため、加入者の管理も平易なものとなります。また、利用者の側にとっても、同一のADSL回線を利用しながら、ISPを複数切り替えて利用することができるなどのメリットがあります。

関連用語

ネットワークプロトコル……………36	PPP（Point to Point Protocol）………158
ノード…………………………………48	インターネット（Internet）……………176
Ethernet………………………………72	ISP（Internet Services Provider）……178
ADSL（Asymmetric Digital Subscriber Line）…102	

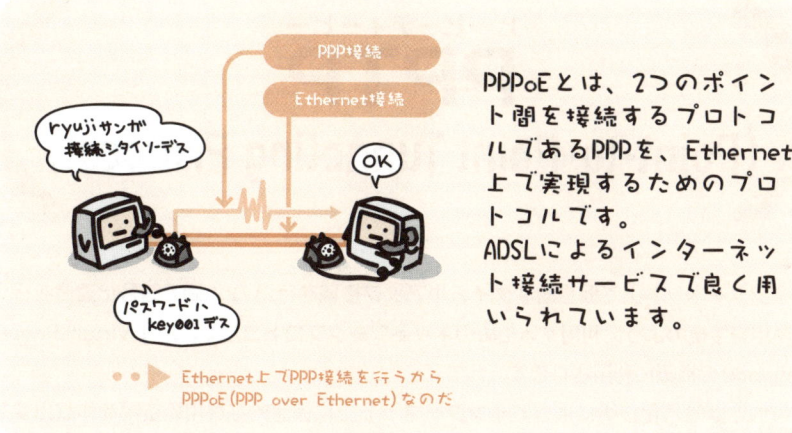

PPPoEとは、2つのポイント間を接続するプロトコルであるPPPを、Ethernet上で実現するためのプロトコルです。
ADSLによるインターネット接続サービスで良く用いられています。

・・▶ Ethernet上でPPP接続を行うからPPPoE(PPP over Ethernet)なのだ

ADSLによるインターネット接続サービスでは、ほとんどがPPPoEを採用しています。

PPPoEの特徴は、PPPによるユーザ認証機構がそのままEthernet上でも使えるようになることです。

これによって、通常のダイアルアップ接続とADSL接続の両サービスを統合して運用することができます。

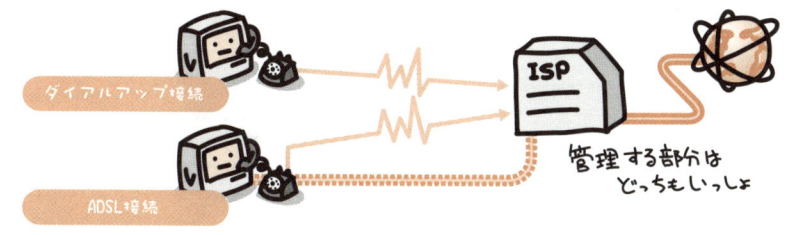

PPTP
ピーピーティーピー
(Point-to-Point Tunneling Protocol)

　インターネット上で仮想的なダイアルアップ接続を行い、2点間で暗号化通信を行って専用線接続のように利用するためのネットワークプロトコルで、VPN（Virtual Private Network）の構築に利用されます。

　VPNとは暗号化技術によってインターネット上に仮想的な専用線空間を作り出すものであり、インターネットのような不特定多数のユーザが介在するネットワーク上において、情報の漏洩や改ざんといった危険から通信データを保護します。通常、専用線を用いた接続ではコスト高となる遠隔地のLAN間接続ですが、VPNであれば既存のインターネット回線を流用するため安価に導入することができます。

　PPTPは、このVPN構築に用いる暗号化技術の1つで、PPPを拡張してTCP/IPネットワーク上を仮想的にダイアルアップ接続するものです。PPTPの特徴は、その名前に含まれる「Tunneling（トンネリング）」という言葉がもっともよくあらわしています。

　PPTPによって2点間の接続が確立すると、PPPのデータパケットを暗号化した上でIPパケットに包み込みTCP/IPネットワーク上へ流します。こうして本来のパケットが隠蔽されることにより、通信経路上での安全が保証されるわけです。この処理をトンネリング処理と呼び、接続が確立した2点間を安全な専用トンネルで保護するといったイメージになるわけです。

　当初は外部から社内LANへ接続するリモートアクセス的な用途が想定されていましたが、ルータの中にはVPN機能としてPPTPを実装した製品も出てきており、現在はLAN間接続にも広く利用されています。

関連用語

ネットワークプロトコル	36	VPN（Virtual Private Network）	96
TCP/IP	38	ルータ	124
IP（Internet Protocol）	40	PPP（Point to Point Protocol）	158
LAN（Local Area Network）	62	インターネット（Internet）	176

PPTPとは、PPPを拡張してTCP/IPネットワーク上で仮想的なダイアルアップ接続を行うためのプロトコルです。
インターネットを利用したVPN構築に使われる暗号化技術のひとつです。

▶ TCP/IPの通信路内をPPPで通信するのです。

PPTPはインターネットのような不特定多数のユーザが介在するネットワークで、安全な通信路を確立するために使われます。

接続が確立すると、以降はPPPのデータパケットを暗号化した上でIPパケットに包み込み、TCP/IPネットワーク上へと流します。

接続が確立した2点間を専用トンネルで保護するといったイメージになります。

P ポイントと
P ポイントの間を
T トンネルで保護する
P プロトコル

6 サービス・プロトコル編

ファイアウォール

　インターネットなど外部のネットワークと、組織内部のローカルネットワークとの間に設けるシステムで、外部からの不正な侵入を防ぐ役割りを持ちます。システムといっても決まった形があるわけではなく、ファイアウォールというのは「そういった機能的役割り」のことを示します。そのため、コンピュータ上で稼動するソフトウェアであったり、ルータであったりと様々な形態があります。ファイアウォールとは「防火壁」という意味で、その名の通り火災時に火の手を防ぐ「防火壁（firewall）」にちなんでこのような名前が付いています。

　外からの危険を防ごうと思うなら、一番安全なのは物理的に接続を切ってしまうことです。ファイアウォールの基本的な考えはこれで、外部ネットワークと内部ネットワークとの境界に陣取って、通信を遮断することが主な役目です。完全に遮断してしまった状態では、通信が一切できずに困ってしまいますので、必要なサービスに関してだけは通過を許可するよう設定することで、安全性を保ちながらユーザにサービスを提供できるようにするわけです。

　一般に、セキュリティを強化するなら通過できるサービスが制限され、インターネット上のサービスを自由に扱えるようにしようとすれば、安全性が低下することになります。安全性と利便性とのトレードオフで、ネットワークの基本方針によってどちらに傾倒するかが決まります。

関連用語

| ルータ | 124 | インターネット（Internet） | 176 |

「不正な侵入者からネットワークを守るのがオイラの役目ッス」

ファイアウォールとは、組織内部のローカルネットワークと、インターネットなどの外部ネットワークとの間に設けるシステムです。外部からの不正な侵入を阻むという役割を持ちます。

ファイアウォール

基本的には内部ネットワークと外部ネットワークとの境界に陣取って、すべての通信を遮断することが役目です。

「一切通しまへン」

とはいえすべて通さないとなると、一切通信ができないことになりますので、どうしても必要なものだけは通過を許すのです。

「コレはダメ」　「コッチはOK」

ファイアウォールというのは機能的な役割のことで、定まった形態はありません。

火災時に火の手を防ぐ防火壁(firewall)に因んだ名称です

「ぴゃ〜」

プロキシサーバ

　日本語にすると代理サーバという意味で、外部ネットワークへのアクセスを内部ネットワークのコンピュータに代わって行うサーバです。

　通常は、内部ネットワークとインターネットのような外部ネットワークとの境界に位置するファイアウォール上で稼動しています。この構成では、ファイアウォールによって外部との通信は遮断され、内部ネットワークに対する安全性が保たれています。そして、内部ネットワークからのインターネットアクセスに関しては、プロキシサーバが各コンピュータからのリクエストを受け付けて代行することになります。たとえばWWWで特定のWebサイトを閲覧したい場合には、クライアントから「このURLのページが欲しい」とプロキシサーバにリクエストが飛び、プロキシサーバが代行してダウンロードしたデータをクライアントに渡します。これによって、ファイアウォールに遮断されているサービスが利用可能となるわけです。

　プロキシサーバを用いると、内部から外部へのアクセスを集中して管理することができるため、セキュリティ上の利点といった他に、社内からインターネットへアクセスできるユーザを特定の人物だけに制限することや、望ましくないWebサイトに関しては閲覧不可にしてしまうなど、柔軟な設定を行うことができるようになります。

　その他にも、代行して取得したデータをキャッシュとして活かすなど、応用範囲は様々であり、そうしたメリットから広く普及しています。

関連用語

クライアントとサーバ ……………………… 16
ファイアウォール …………………………… 164
インターネット(Internet) ………………… 176
WWW(World Wide Web) ……………… 182
URL(Uniform Resource Locator) …… 186

プロキシサーバとは、日本語にすると「代理サーバ」という意味。外部ネットワークへのアクセスを、内部ネットワークのコンピュータに代わって行うサーバです。

通常プロキシサーバは、内部ネットワークと外部ネットワークとを遮断するファイアウォール上で稼動しています。

外部から内部へのアクセスはファイアウォールで防ぎながら、内部から外部へのアクセスをプロキシサーバが代行することで、ネットワークの安全性が保たれます。

6 サービス・プロトコル編

パケット フィルタリング

　ルータが持っている機能の1つで、すべてのパケットを無条件に通過させるのではなく、あらかじめ指定されたルールにのっとって通過させるか否かを制御する機能です。パケットフィルタリングという名前は、ルールに当てはまらないパケットが、フィルターによってろ過された後に残るゴミのように、通過を遮られて破棄されることからきています。

　ファイアウォールの実現方法としてはもっとも基本的な機能で、明示的に許可されていないパケットがすべて破棄されるため、不正アクセスの防止に役立ちます。最近のルータにはほとんどこの機能が実装されているため、簡易なファイアウォールとして導入しやすい手法だと言えます。

　どのパケットを通過させるかという許可ルールは、送信元や送信先のIPアドレス、TCPやUDPといったプロトコルの種別、ポート番号などを指定して行うことになります。通常アプリケーションによって提供されるサービスは、プロトコルとポート番号によって区別されますので、これらを指定することによって「どのサービスは通過させるか」ということを設定したことになるわけです。

　ルータの設定で、「ポートを開く」などという言葉を良く耳にしますが、これはパケットフィルタリングのルールを変更して、そのポートを通過可能に設定することを示しています。

関連用語

ネットワークプロトコル	36	パケット	46
TCP(Transmission Control Protocol)	42	ルータ	124
UDP(User Datagram Protocol)	44	ファイアウォール	164
IPアドレス	50	インターネット(Internet)	176
ポート番号	54		

パケットフィルタリングとは、ルータの持っている機能の1つで、あらかじめ決められたルールにのっとって通過させるパケットを制御する機能です。ファイアウォールの実現方法としてもっとも基本的な方法です。

どのパケットを通過させるかの許可ルールは、IPアドレスやTCPなどのプロトコル、ポート番号によって指定します。

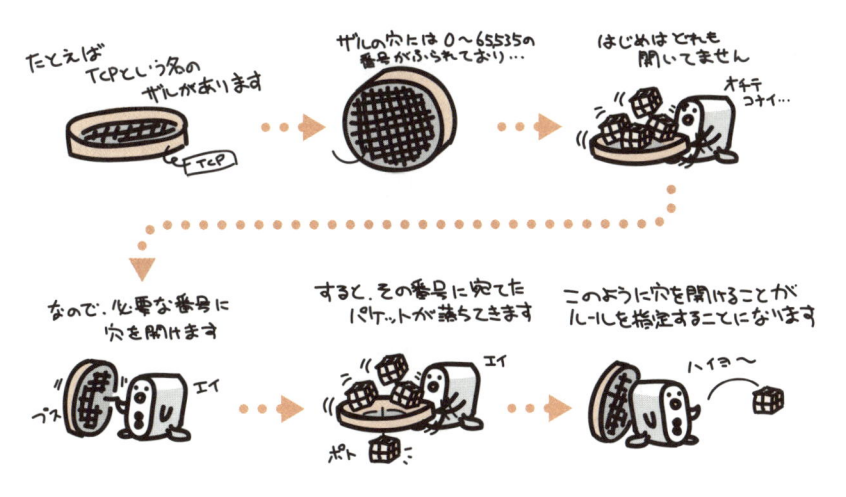

通常アプリケーションが提供するサービスは、プロトコルとポート番号で区別されますので、この指定は「どのサービスは通過させるか」を決めたことになります。

NAT（ナット）
(Network Address Translation)

　LANで利用するプライベートIPアドレスと、インターネット上で利用できるグローバルIPアドレスとを相互に変換する技術で、ルータなどによく実装されています。

　インターネットの世界では、グローバルIPアドレスを用いて通信を行いますが、IPアドレスは32bitの値ということから、発行できる数には限界があります。そのため、LANのような組織内のネットワークでは、通常は各コンピュータに対してプライベートIPアドレスを割り当てることになります。ただし、そのままではインターネット側と通信することができませんので、アドレス変換という手法を用いて、インターネットにアクセスする時だけ、グローバルIPアドレスに変換する必要が出てくるのです。

　NATによるアドレス変換は、パケットを書き換えることで行います。通過するパケットは常時監視され、インターネットへ宛てたパケットが届いた時は、そのパケットの送信元IPアドレスをNATで管理しているグローバルIPアドレスに書き換えて送出します。この時、変換したもとのプライベートIPアドレスは記憶しておいて、インターネット側から届いたパケットに関しては、送信先IPアドレスをプライベートIPアドレスへと書き戻してLAN内に送ります。これによって、内部ではプライベートIPアドレスを使いつつも、外部との通信には自動的にグローバルIPアドレスが使われることになるわけです。

　このような仕組みであるために、NATによるアドレス変換は、常にグローバルIPアドレスとプライベートIPアドレスとが1対1で置き換えられます。そのため、所有しているグローバルIPアドレスの数以上には、同時にインターネット側と通信することはできません。

関連用語

IPアドレス	50	グローバルIPアドレス	82
パケット	46	ルータ	124
LAN(Local Area Network)	62	インターネット(Internet)	176
プライベートIPアドレス	84		

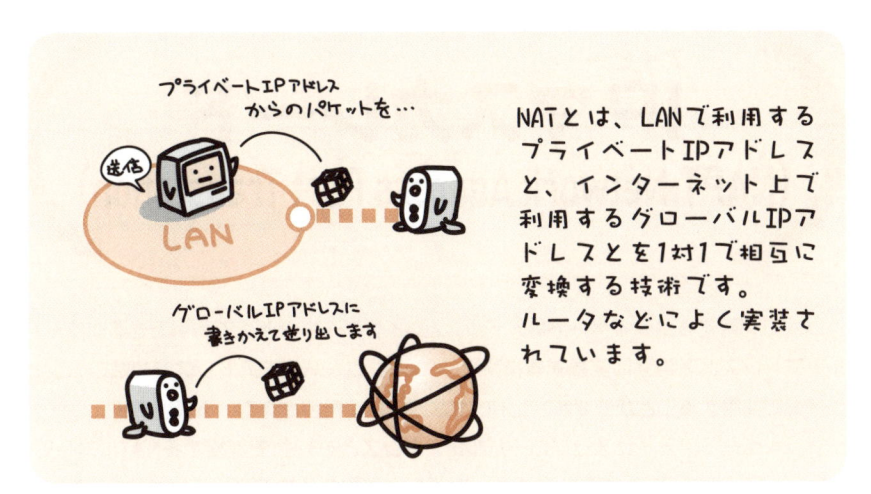

NATとは、LANで利用するプライベートIPアドレスと、インターネット上で利用するグローバルIPアドレスとを1対1で相互に変換する技術です。ルータなどによく実装されています。

インターネットへ宛てたパケットが届いた時は、そのパケットの送信元IPアドレスをグローバルIPアドレスに書き換えます。

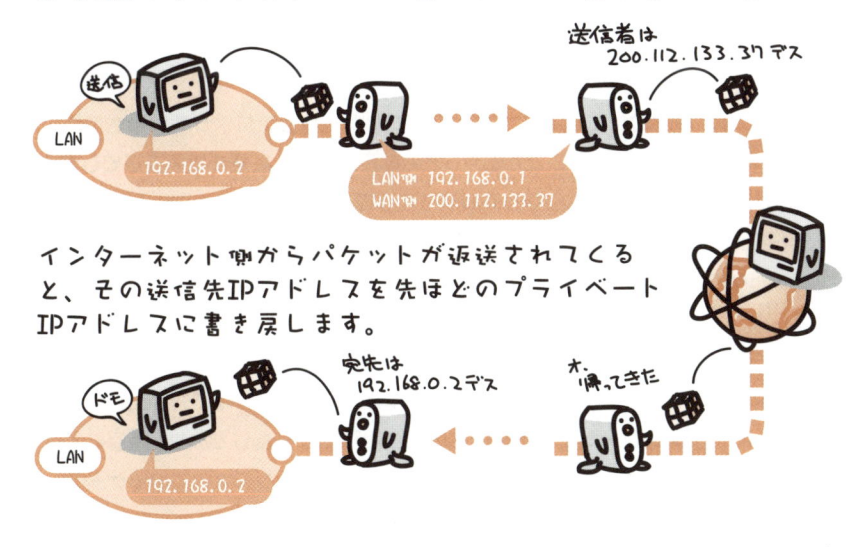

インターネット側からパケットが返送されてくると、その送信先IPアドレスを先ほどのプライベートIPアドレスに書き戻します。

IPアドレスの変換は1対1で行いますので、所有しているグローバルIPアドレスの数以上にインターネット側と同時通信することはできません。

6 サービス・プロトコル編

IPマスカレード
(NAPT:Network Address Port Translation)

（アイピー）

　LANで利用するプライベートIPアドレスと、インターネット上で利用できるグローバルIPアドレスとを相互に変換する技術で、1つのグローバルIPアドレスを複数のコンピュータで共用することができます。ルータなどによく実装されている機能です。

　プライベートIPアドレスとグローバルIPアドレスとを1対1で変換するNATに対して、IPマスカレードでは、TCPやUDPのポート番号までを含めて変換を行います。これによって、1対複数の変換が可能となり、グローバルIPアドレスが1つしかない環境においても、複数のコンピュータが同時にインターネットへ接続することができるようになるわけです。

　ただし、一見便利なこの機能にも弱点があり、一部のアプリケーションが動かなくなってしまうなどの制約が生じます。これは、アプリケーションによっては通信に用いるポート番号を固定にしていることがあり、その場合はポート番号まで変換してしまうIPマスカレードでは利用できなくなってしまうからです。また、複数のコンピュータが同時に接続できるといっても、同一IPアドレスからの接続は1つに限定しているようなアプリケーションでは、やはり複数のユーザが同時にサービスを受けるということはできません。

　本来IPマスカレードという言葉はLinuxというOSで実装された機能の名前でしかなく、正確にはNAPT(Network Address Port Translation)という呼び方が正しくなります。ただし、IPマスカレードという呼び名の方が実際には普及しており、場合によっては「IPマスカレード＝アドレス変換」という意味でNATと一括りにされているケースも多いようです。

関連用語

IPアドレス ……………………………… 50	ルータ ……………………………… 124
LAN(Local Area Network) ……… 62	NAT(Network Address Translation) …170
プライベートIPアドレス ……………… 84	インターネット(Internet) ………………… 176
グローバルIPアドレス ………………… 82	

IPマスカレードとは、LANで利用するプライベートIPアドレスと、インターネット上で利用するグローバルIPアドレスとを1対複数で相互に変換する技術です。

グローバルIPアドレスを複数のコンピュータで共有することができ、ルータなどによく実装されています。

「ハイ」「ハイ」「ハイ」
200.112.133.37
みんなでこのアドレスを共有するですよ
LAN

インターネット宛てのパケットが届くと、送信元IPアドレスをグローバルIPアドレスに書き換えます。

送信 送信 送信
カキカキ
LAN内 192.168.0.1
WAN側 200.112.133.37

ポート10
→192.168.0.2
ポート11
→192.168.0.3
ポート12
→192.168.0.4

この時、ポート番号も書き換えて、その対応表を覚えておきます。

そうしたら、インターネットへ送出します。

インターネット側からパケットを受信した場合には…

着信したポートから、以前の対応表をもとに、書き戻します。
カキカキ

ポート10
→192.168.0.2
ポート11
→192.168.0.3
ポート12
→192.168.0.4

LAN内に送出します。

ドモ ドモ ドモ
LAN

column

「時代が求めたLANパック」

　ちょっと前までは考えられなかったこととして、ルータが個人レベルにまで完全に降りてきたよなぁということがあります。高価だったのももちろんですけど、1台のパソコンをインターネットにつなぐという用途がメインの家庭レベルでは、根本的に必要なかったんですよね。

　それまではインターネット接続を複数のコンピュータで行おうとすると、メインで使うパソコンにインターネット接続の共有機能なんかをセットアップして、そのパソコン経由で接続するとか、そんな感じだったわけです。でもこれじゃあメインのパソコンに電源が入ってる状態じゃないとインターネットにつなげないし、そもそもそのパソコンがDHCPサーバとなってる関係上、そうしておかないとネットワーク自体が機能しません。常時パソコンの電源を入れっぱなしにしておくのもなんだしなぁと不便に思いつつも、ただ我慢するしかなかったのです。

　それがここ数年の間に、家庭向けのルータが安価に登場して状況が一変しました。DHCPサーバやインターネット接続を共有するためのIPマスカレード機能など、一通りの機能を揃えたルータ製品が1万円とかの値段で相次いであらわれたのです。こうしたルータは家庭での基地局みたいなもんで、こいつの電源さえ入れておけばネットワークは常時稼動できるようになるわけです。ハブまで内蔵したやつだと、ほんとに各パソコンをルータにつないで、はいおしまいってくらい楽になりました。

　いつか一家に1台パソコンがある時代がくるんだろうね、とはこの業界に携わるものならたいてい口にしたことがあると思いますが、いつの間にやら1人に1台っていう時代まで迎えようとしているんですかね。なんて思ってしまうのでした。

7章

インターネット編

インターネット (Internet)

　インターネットとは、TCP/IPというパケット通信型のネットワークプロトコルを利用して、世界規模でネットワークを相互に接続した巨大なコンピュータネットワークのことです。起源は米国国防総省の高等研究計画局（ARPA）による、分散型ネットワーク研究プロジェクトのARPAnetだと言われており、核攻撃の危険から情報ネットワークを守るための研究であったとされています。

　初期のインターネットは学術研究を目的として発展しており、その頃は電子メールやネットニュースといったサービスが中心でした。それが、情報を文字や画像などを交えて表示することができるWWW（World Wide Web）が登場したのと同時に爆発的な普及を遂げ、現在では、インターネットと言えばWWWというほどに、インターネットの中心的なサービスとなっています。

　学術研究を目的に発展してきたインターネットは、その規模が大きくなるにしたがって、一般ユーザからも接続したいという声が高まっていきました。それを受けてインターネットへの接続サービスを提供するISP（Internet Services Provider）事業者が登場し、これを境として爆発的に利用者を増やすことになったのです。

　現在では、個人の利用者数も膨大な規模となったことから、ネットワーク上の商用サービスも多彩なものとなり、世界中を結ぶ広域ネットワークとして、標準的なインフラになっています。

関連用語

ネットワークプロトコル ……… 36	WWW（World Wide Web）……… 182
TCP/IP ……… 38	WWWブラウザ ……… 184
IP（Internet Protocol）……… 40	電子メール（e-mail）……… 188
ISP（Internet Services Provider）……… 178	ネットニュース（Net News）……… 190

インターネットとは、TCP/IPというプロトコルを利用して、世界規模で相互にネットワークを接続したものです。
当初は学術研究目的でしたが、現在では商用利用が進み、個人も利用する広域ネットワークインフラとなっています。

現在はWWWや電子メールといったサービスが主に利用されています。

WWW
世界中を網羅するドキュメントシステム

電子メール
ネットワークを利用した手紙

個人がインターネットに接続する場合は、ISPと呼ばれる接続事業者と契約して、接続口を開放してもらわなくてはいけません。

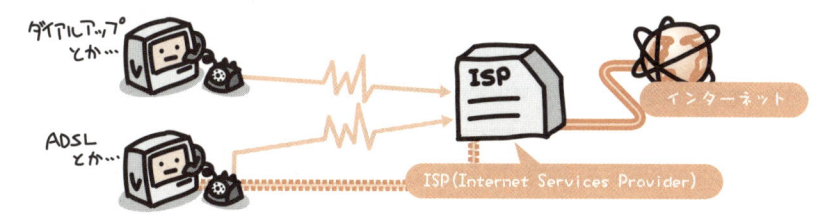

ダイアルアップとか…
ADSLとか…
ISP
インターネット
ISP(Internet Services Provider)

インターネット上では、各ネットワークを相互に接続するルータが、バケツリレーのようにパケットを中継することでデータのやり取りが行われます。

そっちかな　あっちだな　そこだろう　ここだね

7 インターネット編

ISP
アイエスピー
(Internet Services Provider)

　インターネットへの接続先を提供するサービス事業者のことです。電話回線や専用回線を使って、顧客である一般ユーザからのリクエストを受け付け、インターネットへと接続します。通常は単にプロバイダと呼ばれることが多く、現在はアナログモデムを用いたダイアルアップサービスから、ADSLやFTTHといったブロードバンドサービスへと主体が移りつつあります。

　ISPの業務は単に接続の提供というだけには留まりません。メールアドレスの発行、ホームページスペースの貸与といったサービスは、ほとんどすべての事業者において標準の付加サービスと位置付けられており、これによって契約したユーザはインターネットの閲覧だけではなく、自分からも情報発信を行うことができるようになっています。そういう意味では、ISPとはインターネット総合サービス提供所といった意味合いを持つとも言えるでしょう。

　WWWの登場とISPの出現によって、インターネットは日本においても爆発的に普及することとなりました。1995年以降の普及の過程においては、まさしく雨後のタケノコといった具合に事業者が乱立し、中には「安かろう悪かろう」といった粗悪な事業者も多く存在しました。NTTによる定額の通話サービス「テレホーダイ」が開始されたのもこの頃です。電話回線を用いたダイアルアップ接続が主体であった時期だけに、料金が定額となるこのサービスは個人ユーザを中心に広く利用されました。しかし、定額となる時間帯が深夜23:00以降に限定されていたため、その時間帯近くになると回線が混みあって利用できなくなるなどのトラブルを生み出す要因ともなっていました。

関連用語

ADSL	ブロードバンド(Broad Band) ……… 108
(Asymmetric Digital Subscriber Line) … 102	WWW(World Wide Web) ……… 182
モデム ……… 130	WWWブラウザ ……… 184
インターネット(Internet) ……… 176	電子メール(e-mail) ……… 188

ISPとは、インターネットへの接続先を提供するサービス事業者のことで、単にプロバイダとも呼ばれます。
サービス内容には、専用のメールアドレス発行やホームページスペースの貸与も含むことがほとんどです。

「接続したい方受付中でーす」

ISPを利用したインターネット接続とは、要はインターネットに接続されているLANに外から参加させてもらうようなものです。

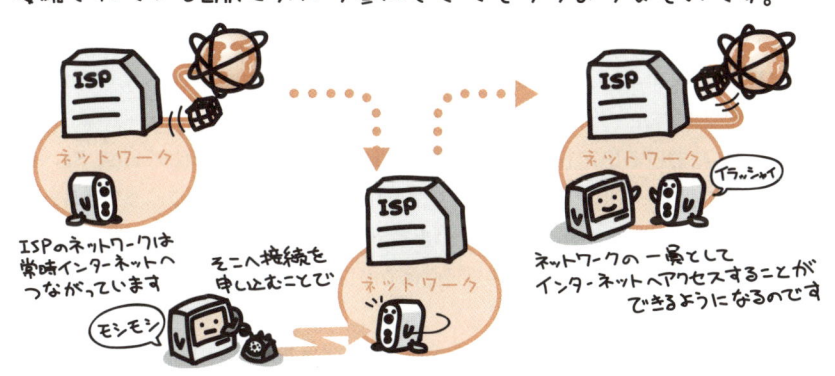

ISPのネットワークは常時インターネットへつながっています

そこへ接続を申し込むことで

ネットワークの一員としてインターネットへアクセスすることができるようになるのです

「イラッシャイ」
「モシモシ」

アナログモデムを使ったダイアルアップ接続は過去のものとなり、ADSLやFTTHなどの常時接続方式が今現在の主流です。

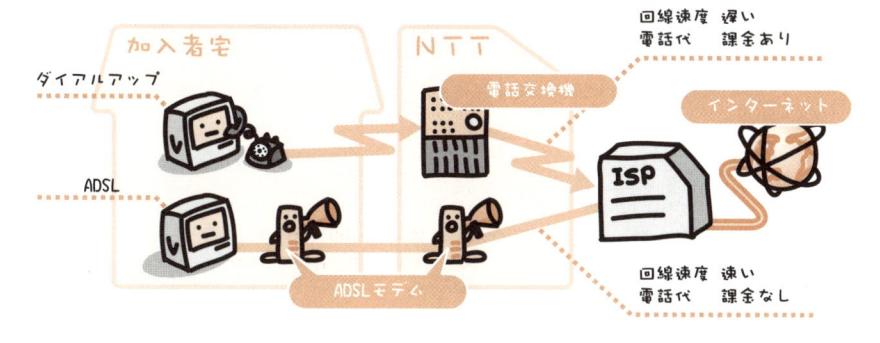

加入者宅　　NTT

ダイアルアップ
ADSL

電話交換機

ADSLモデム

インターネット

ISP

回線速度　遅い
電話代　課金あり

回線速度　速い
電話代　課金なし

JPNIC
ジェーピーニック
(JaPan Network Information Center)

　社団法人日本ネットワークインフォメーションセンターの略称で、日本におけるIPアドレスの割り当て業務を行っています。

　インターネット上で使用するグローバルIPアドレスは、世界中で1つしか存在しない値にする必要があります。そのため、各国に専門の機関が設けられており、その管理下で割り当てを行うようになっています。日本においてこの役割りを担当してるのがJPNICです。

　当初JPNICでは、IPアドレス管理の他にJPドメイン名の登録や管理といった業務も行っていました。しかし現在では、JPNICが設立した民間企業のJPRS（株式会社日本レジストリサービス）へドメイン名の管理業務を移管させ、JPNIC自身はドメイン名に関する研究や国際的なルール作りに注力しています。

　日本国内におけるIPアドレスの扱いは、JPNICによって各ISP（Internet Services Provider）にグローバルIPアドレスが割り振られ、その範囲内でISPによって各ユーザに割り振られるといった仕組みになっています。そのため、一般ユーザが直接JPNICと関わりを持つことはなく、国内唯一の管理団体でありながらあまり一般ユーザに馴染みはありません。

　JPNIC自身は、国際的なインターネット管理組織であるICANN（Internet Corporation for Assigned Names and Numbers）の下部組織と位置付けられており、国際的な協調を含む働きが重要視されています。

関連用語

IPアドレス	50	グローバルIPアドレス	82
ドメイン	56	インターネット（Internet）	176
プライベートIPアドレス	84		

国別インターネットレジストリ
JPNIC
(Japan Network Information Center)

インターネット接続事業者　インターネット接続事業者
ISP　　　　　　　　**ISP**
(Internet Services Provider)　(Internet Services Provider)

JPNICとは、社団法人日本ネットワークセンターの略称です。この組織では、日本におけるグローバルIPアドレスの割り当て業務を行っています。

グローバルIPアドレスは、世界中で1つしかない値とする必要があるため、値が重複しないように管理する必要があります。

ボクたち カブってないよね？
ウン、ダイジョーブ
210.156.100.10
200.112.133.37
248.172.100.13
224.137.123.51
224.137.123.22

そのため、各国には専門の機関が設けられており、その管理下でグローバルIPアドレスの割り当てを行います。日本でその業務を行っているのが、JPNICというわけです。

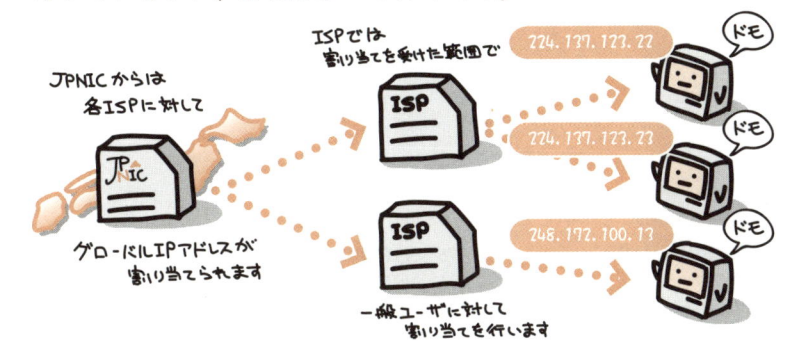

JPNICからは各ISPに対してグローバルIPアドレスが割り当てられます

ISPでは割り当てを受けた範囲で
一般ユーザに対して割り当てを行います

224.137.123.22 ドモ
224.137.123.23 ドモ
248.172.100.13 ドモ

WWW
(World Wide Web)
ダブリュダブリュダブリュ

　インターネットにおいて標準的に用いられているドキュメントシステムで、もっとも多く利用されているサービスでもあります。World Wide Webを省略してWWW、もしくは単にWebと呼びます。

　WWWにおけるドキュメントは、HTML（Hyper Text Markup Language）という言語によって記述されています。このドキュメントを公開しているのがインターネット上に点在するWWWサーバで、各コンピュータはWWWクライアントとしてこのサーバにアクセスし、WWWブラウザと呼ばれるアプリケーション（Microsoft社のInternet Explorerや、Mozilla財団のFirefoxが有名）を使って内容を表示します。

　HTMLによって記述されたドキュメントは、ハイパーテキスト構造となっており、文書間のリンクを設定したり、文書内に画像や音声、動画といった様々なコンテンツを表示させることができます。このリンク機能によって、WWW上のドキュメントは相互に連結することができ、1つのページを原点にリンクを辿って行くことによって、世界中のドキュメントを区別なく閲覧していくことが可能となっているのです。

　World Wide Webという名前の由来も、そうした「ドキュメントのリンクが張り巡らされた構造」をクモの巣（Web）に例えたところからきています。

関連用語

インターネット（Internet） ……176	HTTP（HyperText Transfer Protocol） …194
WWWブラウザ ……184	HTML
URL（Uniform Resource Locator） ……186	（Hyper Text Markup Language） ……218

WWWとは、インターネットにおいて標準的に用いられているドキュメントシステムです。
1つの文書内には画像や音声など様々なコンテンツを混在させることができ、文書間にリンクを設定することでドキュメント同士を相互に連結できるのが特徴です。

WWWのドキュメントは、インターネット上のWWWサーバに対してWWWブラウザと呼ばれるアプリケーションを使ってアクセスすることで表示することができます。

文書内に設定されたリンクによって、関連するドキュメントを順次辿って行くことができるという特徴を持ちます。

WWW（World Wide Web）という名前は、そうした「リンクによってつながれた構造」を、クモの巣にたとえたところからきています。

⑦ インターネット編

WWWブラウザ
ダブリュダブリュダブリュ

　Webサイトを閲覧するために使うアプリケーションソフトのことで、単にブラウザとも呼ばれます。

　主にインターネットからHTMLファイルを取得して、そこに書かれた構文をもとにテキストを整形して表示します。HTMLファイル内に画像の指定があった場合は、その画像を取得した上でテキストとともに表示するという、グラフィカルな側面を持ちます。

　こうしたグラフィカルなWebブラウザとしては、1993年に発表されたNCSAのMosaicというWebブラウザが世界最初のものとなります。その後この開発チームはNetscape Communicasions社を興し、Netscape NavigatorというWebブラウザを発表。インターネットの爆発的な普及に貢献します。

　しかし、インターネットの爆発的な普及にともない、GUIインフラとしての役割も持ちはじめたWebブラウザに危機感を抱いたのか、1995年にはMicrosoft社もMosaicのライセンスを受けてInternet ExplorerというWebブラウザの開発に着手します。激しい競争の結果、このInternet Explorerが圧倒的なシェアを占め、現在に至ります。

　近年ではこうしたWebブラウザ機能そのものが、OSの一機能として組み込まれつつあります。そのため、これが単独のアプリケーションソフトだと意識する機会は以前と比べて減りつつあります。

関連用語

インターネット(Internet) ……………………… 176
WWW(World Wide Web) ……………… 182
HTML(Hyper Text Markup Lnguage) …218

WWWブラウザとは、Webサイトを閲覧するために使うアプリケーションソフトのこと。
単にブラウザと呼ばれたりもします。

WWWブラウザは、インターネット上のWWWサーバに対して、閲覧したいファイルを「くれ」とリクエストします。

そうしてWWWサーバからHTMLファイルなどを受け取ると…

WWWブラウザ　　WWWサーバ

そいつをせっせかせっせかと整形して…

「はいどうぞ」と見ることのできる形にするのがお仕事です。

⑦ インターネット編

URL
(Uniform Resource Locator)
（ユーアールエル）

　インターネット上で、ファイルの位置を指定するための記述形式、もしくはそれによって記述されたアドレスそのものを示します。もっとも馴染み深いところでは、WWWのホームページアドレスを指定するために使われており、最近では名刺などに記述してある例も珍しくありません。

　URLによって記述されたアドレスは「http://www.kitajirushi.jp/pg_manga/index.html」といった形式をとります。先頭の文字列はそのファイルにアクセスする方式を示しており、WWWの場合はhttpというプロトコルによってページ情報を取得しますので、「http」で始まっています。続く「www.kitajirushi.jp」はドメイン名で、kitajirushi.jpドメインに属しているwwwという名前のコンピュータを指しています。このドメイン名によってIPアドレスが確定しますので、インターネット上の特定のコンピュータに対して、httpというプロトコルでアクセスするという指定を行ったことになります。以降の「/pg_manga/index.html」はファイル名です。そのコンピュータが公開しているpg_mangaフォルダの下のindex.htmlというファイルを参照したいと指示していることになります。

　WWWブラウザでは、このURLをアドレスとして入力することで、目的のページが表示されます。

関連用語

ネットワークプロトコル	36	インターネット(Internet)	176
IPアドレス	50	WWWブラウザ	184
ドメイン	56	HTTP(HyperText Transfer Protocol)	194

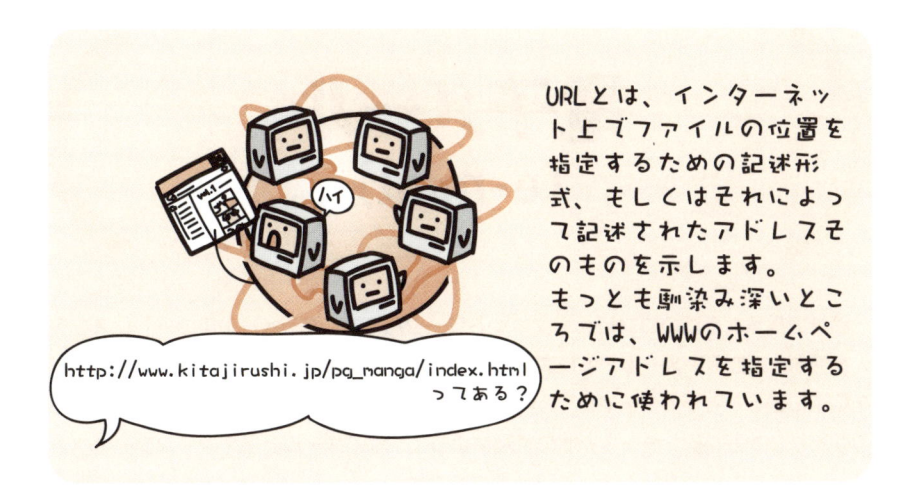

URLとは、インターネット上でファイルの位置を指定するための記述形式、もしくはそれによって記述されたアドレスそのものを示します。
もっとも馴染み深いところでは、WWWのホームページアドレスを指定するために使われています。

http://www.kitajirushi.jp/pg_manga/index.html
ってある？

URLによって記述されたアドレスは以下のような形式になっています。

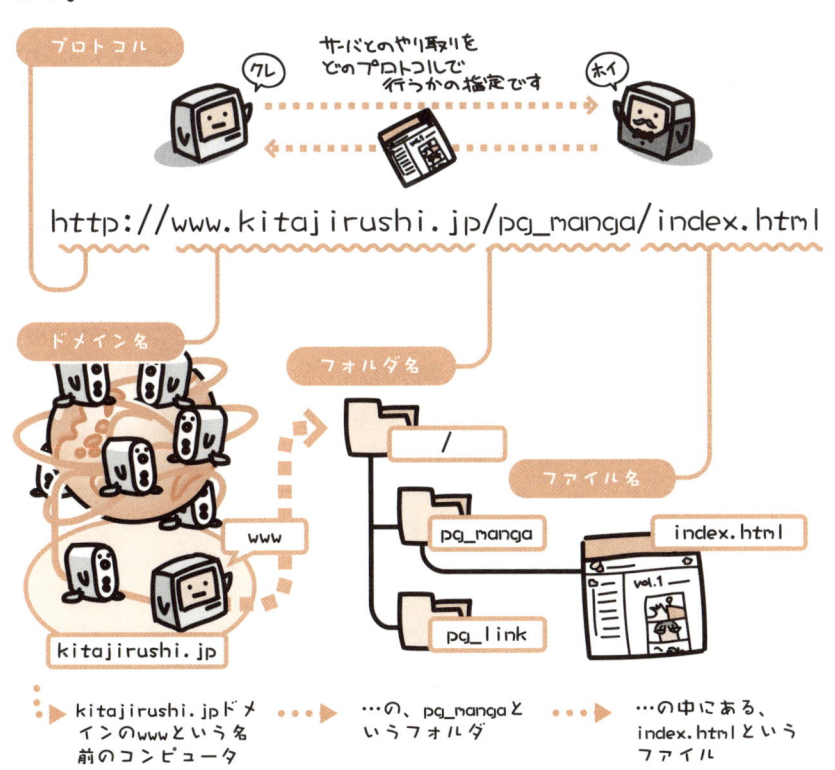

プロトコル
サーバとのやり取りをどのプロトコルで行うかの指定です

http://www.kitajirushi.jp/pg_manga/index.html

ドメイン名
www
kitajirushi.jp

フォルダ名
/
pg_manga
pg_link

ファイル名
index.html

▶ kitajirushi.jpドメインのwwwという名前のコンピュータ
▶ …の、pg_mangaというフォルダ
▶ …の中にある、index.htmlというファイル

7 インターネット編

電子メール
（e-mail）

　簡単に言うと手紙のコンピュータネットワーク版です。電子メール用のアドレスを各人が持ち、この電子メールアドレスを宛先として、コンピュータ上で書いたメッセージを相手に送ることができます。この電子メールを運用するためのシステムには様々なものがありますが、インターネットの普及によって、電子メールと言えばインターネットメールのことを指すというケースが増えています。

　電子メールを利用するには、専用のアプリケーションを使うことになり、こうしたアプリケーションを一般に「メーラー」と呼びます。メーラーによって作成した電子メールは、相手の電子メールアドレスを宛先に指定して送信を行います。送信された電子メールは一旦相手のメールサーバで保管され、先方がメールサーバに対して電子メールの受信確認を行った際に届けられます。電子メールが相手に届けられる時間は中継するネットワークの速度によって変化しますが、基本的にはデータの送受信と変わりありません。本当の手紙のように2～3日かかるということはなく、ほとんどの場合瞬時に相手へと届けられます。

　電子メールには、本文を記した文字データだけでなく、様々なファイルを添付して送ることができます。ファイルであればほとんど何でも送ることができると言えますので、顧客とのやり取りに電子メールを利用して、納品データまで一環してすべてのやり取りをネットワーク上で完了させるといった事例も増えています。ただし最近はこの添付ファイルを悪用した形のコンピュータウイルスも増えており、身に覚えのない添付ファイルが送られてきた場合には注意が必要です。

関連用語

ドメイン …………………………… 56	POP（Post Office Protocol）………… 198
インターネット（Internet）………… 176	IMAP
SMTP	（Internet Message Access Protocol）…200
（Simple Mail Transfer Protocol）… 196	

普通の手紙

電子メール

電子メールとは、簡単に言うと手紙をコンピュータネットワーク上でやり取りできるようにしたものです。
文章の他にも、様々なファイルを添付して送ることができます。

電子メールのやり取りには、以下のような形式の電子メールアドレスを使用します。このアドレスは、そのユーザの郵便受けが、インターネット上のどこにあるのかを示すものです。

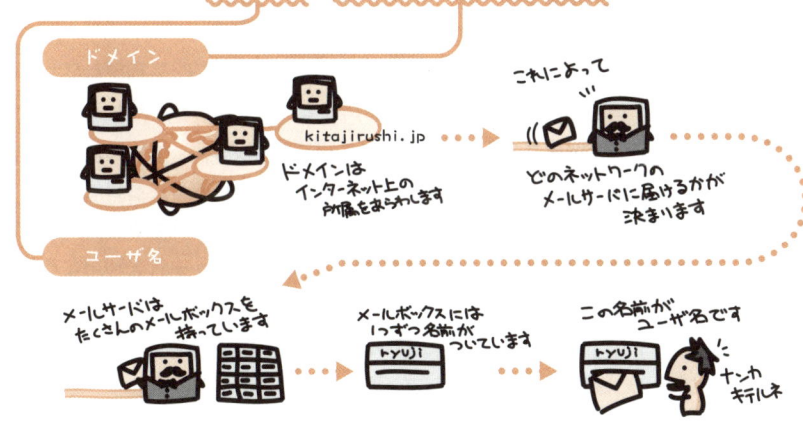

ryuji@kitajirushi.jp

ドメイン

ユーザ名

kitajirushi.jp
ドメインはインターネット上の所属をあらわします

これによって
どのネットワークのメールサーバに届けるかが決まります

メールサーバはたくさんのメールボックスを持っています

メールボックスには1つずつ名前がついています

この名前がユーザ名です
ナンカ　キテルネ

電子メールは次のような手順を踏んで、インターネット上を送られていきます。

送信側
送信用メールサーバ（smtpサーバ）に送る
受信用メールサーバ（popサーバ）に転送する

受信側
popサーバがメールを保管している
受信者がメールをチェックする
メールが届けられる

❼ インターネット編

ネットニュース
(Net News)

　インターネットにおける電子会議室システムです。名前からは「ニュースが配信される」イメージを受けますが、実際は利用者による情報交換用のシステムで、ニュースグループという単位でテーマごとに枝分かれした会議室上を様々な情報が行き交っています。

　ネットニュースを利用するには専用のアプリケーションが必要で、このアプリケーションのことをニュースリーダーと呼びます。しかし、基本操作自体は電子メールを利用する場合と共通点が多く、そのためMicrosoft社のOutlook Expressなどメーラーとニュースリーダーが統合されたアプリケーションも多く見られます。

　インターネット上で構築されているシステムであるために世界的な規模となっており、ネットニュース上に投稿された内容は、各地にあるニュースサーバから参照することができるようになっています。ニュースサーバは投稿を受けると、その内容を隣接するニュースサーバにも伝達します。それがバケツリレーのように繰り返されて行くことによって、投稿内容が世界中のサーバへと届けられるようになっているのです。

　インターネットの基本サービスとして、ISPの多くはネットニュースを利用するためのニュースサーバを開放しています。しかし、インターネット上の会議室、掲示板というと、現在はWWW上でCGIによって作成された掲示板ページなどを利用することが多く、一般ユーザへの知名度という点ではあまり高いとは言えません。

関連用語

インターネット（Internet） ……………… 176	NNTP
ISP（Internet Services Provider） ……… 178	（Network News Transfer Protocol） …202
電子メール（e-mail） ………………………… 188	

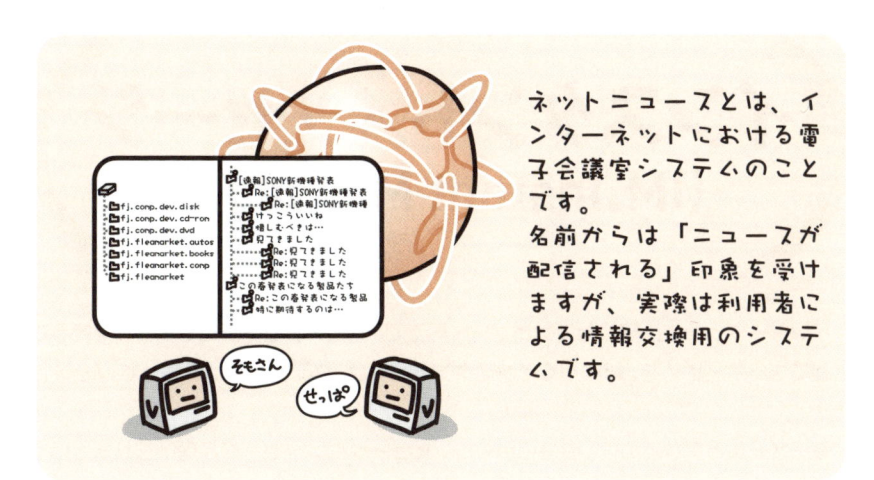

ネットニュースとは、インターネットにおける電子会議室システムのことです。

名前からは「ニュースが配信される」印象を受けますが、実際は利用者による情報交換用のシステムです。

ネットニュースでは、テーマごとにニュースグループという単位で会議室が分かれています。

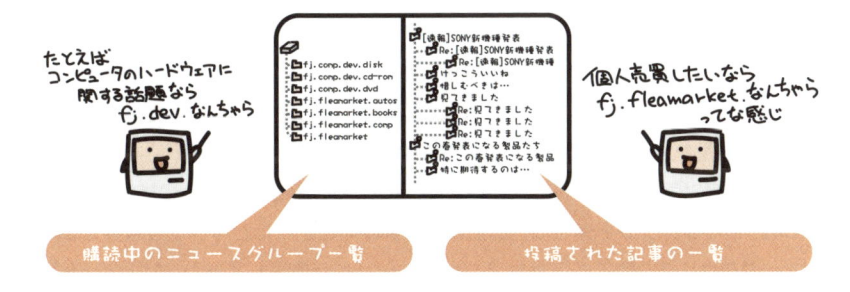

たとえばコンピュータのハードウェアに関する話題ならfj.dev.なんちゃら

個人売買したいならfj.fleamarket.なんちゃらってな感じ

購読中のニュースグループ一覧

投稿された記事の一覧

インターネット上のシステムであるため世界的な規模を持ち、隣接するニュースサーバ同士が投稿内容を配信し合うことで、世界各地どのニュースサーバからでも参照することができます。

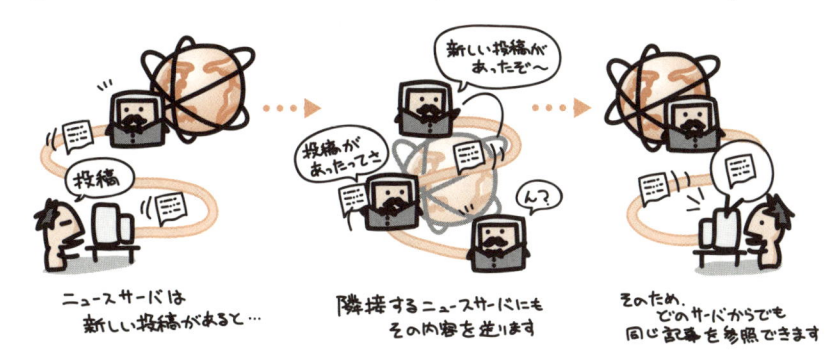

ニュースサーバは新しい投稿があると…

隣接するニュースサーバにもその内容を送ります

そのため、どのサーバからでも同じ記事を参照できます

インスタントメッセージ
（IM:Instant Message）

　インターネットに接続したコンピュータ同士で、直接メッセージのやり取りを行うことができるサービスを、総称してインスタントメッセージ、もしくは省略してIMと呼びます。

　電子メールと異なるのは、直接相手のコンピュータにメッセージが届けられるという点で、メッセージのやり取りはリアルタイムで行われます。多くのソフトウェアは、やり取りを行う相手をメンバとして登録することができ、登録メンバのオンライン状態が常に画面上へ表示されます。

　主に、長文メッセージをやり取りする用途ではなく、短いメッセージを相互にやり取りすることで、ちょっとした会話を行うのに適しています。ただし、リアルタイムに会話を行うシステムなため、メンバーの接続状態を示すオンライン状態には、複数の状態切り替えがサポートされていることが多く、退席中や取り込み中など、会話を受け付けられる状態か否かを示すことができるようになっています。

　インスタントメッセージ用アプリケーションの先駆けとして有名なのはICQで、このICQによってインスタントメッセージという分野が開拓されたと言っても過言ではありません。現在はICQの他にも様々なアプリケーションが登場しており、Microsoft社のOSであるWindows XPやWindows Vistaのように、OSメーカー自身が独自のインスタントメッセージソフトウェアを提供しているのも珍しくはありません。

関連用語
インターネット(Internet) ……………… 176　　電子メール(e-mail) ……………… 188

インスタントメッセージとは、インターネットに接続したコンピュータ同士で直接メッセージのやり取りを行うサービスです。
短いメッセージを送り合って、リアルタイムに会話する用途に向いています。

インスタントメッセージでは、電子メールとは違って直接相手先のコンピュータへメッセージを届けます。

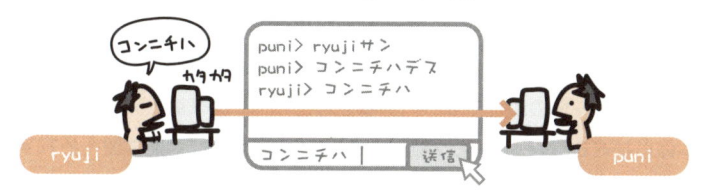

各ユーザがインターネットに接続されているかなどの状態は、インターネット上のサーバによって管理されています。

このサーバから相手への接続情報が提供されることで、ユーザ同士が直接やり取りを行うことができるのです。

❼ インターネット編

HTTP
エイチティーティーピー
(HyperText Transfer Protocol)

　WWWサービスにおいて、WWWサーバとWWWクライアント間で通信を行うために使用するネットワークプロトコルで、通常は通信ポートとして80番を使用します。一般ユーザではほとんどの場合、WWWブラウザをWWWクライアントとして使用しますので、WWWサーバからWWWブラウザが情報を取得するために用いるプロトコルだと言い換えても良いでしょう。

　HTTPはごく単純なプロトコルで、WWWクライアントの発行するリクエストに対してWWWサーバが返答するだけといった仕組みで動作します。WWWクライアントからはHTMLファイルなど、取得したいファイルのURLをはじめとするリクエスト情報が送付され、WWWサーバはその情報を受けてデータを返却します。返却時には、MIMEの定義に基づいたデータの属性やサーバの種類などのヘッダ情報と、リクエストを受けたデータ本体とが返されますが、この際データ本体には特別な処理は加えられず、データをどう処理するかはすべてWWWクライアント側に託されます。このようにシンプルな仕組みであるため、それが逆に自由度を生むこととなり、静止画や動画、音声などの様々な情報の取り扱いを可能としています。

　HTTPによるファイル転送は、リクエストに対して返答するといった1回のやり取りでコネクションが切断されます。そのため、一連の操作を複数のページにまたがって処理したい場合でも、ページ間で情報を保持することができないという欠点を持っていました。これに対してHTTP 1.1では、複数のリクエスト〜返答といった処理がコネクションを切らずに行うことができるよう機能が拡張されています。

関連用語

ネットワークプロトコル……………36	WWWブラウザ…………………184
ポート番号……………………………54	MIME (Multipurpose Internet Mail
インターネット (Internet)…………176	Extensions)………………………214
URL (Uniform Resource Locator)……186	HTML
WWW (World Wide Web)…………182	(Hyper Text Markup Language)……218

HTTPとは、WWWサービスでサーバとのやり取りに使われるプロトコルです。
WWWブラウザが、WWWサーバから情報を取得する時は、このプロトコルを使って通信が行われます。

HTTPは単純なプロトコルで、「くれ」とリクエストされたデータに、データの属性(静止画とか、テキストとか…)などをヘッダとしてくっつけて送り返すだけです。

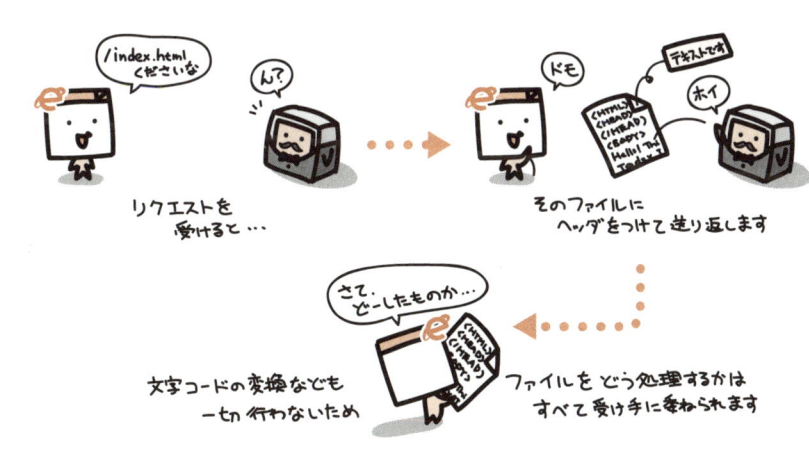

シンプルであるがために自由度を生むこととなり、静止画や動画、音声など様々なファイルを転送することができます。

❼ インターネット編

SMTP
エスエムティーピー
(Simple Mail Transfer Protocol)

　インターネットメールの送信用に用いられるネットワークプロトコルで、通常は通信ポートとして25番を使用します。このSMTPに対応したサーバをSMTPサーバ、もしくは送信用サーバなどと呼びます。

　インターネット上で行われる電子メールの送受信は、それぞれ別々のプロトコルによって成り立っています。このうち、電子メールの送信用に用いるプロトコルがSMTPで、電子メールソフトからメールサーバへ送信する際や、メールサーバ間で電子メールのやり取りを行う時に利用します。

　電子メールを送信すると、そのデータは送信者のSMTPサーバへ送られ、さらにSMTPサーバから宛先側のSMTPサーバへと送られて、受信者（宛先として指定したメールアドレス）のメールボックスに保存されます。このメールボックスとは、メールサーバ内にある個人用フォルダのことで、インターネット上に設置された私書箱のような役割りを果たします。つまり送信されたメールは、相手先の私書箱で保存されて、実際にそのユーザが受け取りにくるまで保管されているということになるのです。

　SMTPの役割りはここまでであり、実際にメールボックスから受信メールを取り出すのはPOPという受信用プロトコルの仕事となります。このように送信と受信とを切り分け、送信時にはインターネット上のメールボックスまで届けるまでとすることで、受信側のコンピュータがインターネットに接続されていなくとも、電子メールは問題なく相手に届けられるのです。

関連用語

ネットワークプロトコル	36	電子メール(e-mail)	188
ポート番号	54	POP(Post Office Protocol)	198
インターネット(Internet)	176		

SMTPサーバ
配達して下さいな
ハイよ！

SMTPとは、インターネットメールの送信用に用いられるプロトコルです。
このSMTPに対応したサーバのことをSMTPサーバと呼びます。

電子メールを実際の郵便に置き換えて考えると…

ポストに入れる → 郵便屋さんが運ぶ → 郵便うけに届く → 郵便うけから取り出す

ポストから、相手の郵便受けに届けるまでが、SMTPの役割りとなります。

STMPサーバには次のような2つの仕事があります。

郵便ポスト
送信！

電子メールソフトから送信されたメール本文を受け付けます。

郵便屋さん
郵便デース　ホイ

メールアドレスで指定された宛先のPOPサーバまで、電子メールを配送します。

❼ インターネット編

POP
(Post Office Protocol)

　インターネットメールの受信用に用いられるネットワークプロトコルで、通常は通信ポートとして110番を使用します。受信用といっても、どこかから送信されたデータを受け取るというわけではなく、メールサーバに接続して、着信している電子メールを自分のメールボックスから取得するためのプロトコルです。

　インターネット上で電子メールをやり取りする場合、直接相手に送り届けるという仕様では、相手がインターネットに接続されている状態でないと届けることができません。そのため送信用と受信用のプロトコルを分け、送信用のSMTPではメールサーバ上のメールボックスに届けるところまでを担当し、受信用のPOPでメールボックスから電子メールを取り出してダウンロードするといったように、送信と受信の処理を完全に切り分けているのです。メールボックスとは、メールサーバ内にある個人用フォルダのことで、インターネット上に設置された私書箱のような役割りを果たします。受信したメールはこの私書箱に一旦保管するようにすることで、いつでも電子メールが届けられるようになっているのです。

　POPに対応した電子メールソフトは、基本的に閲覧するデータをすべてダウンロードして、サーバ上には残しません。これによって、一度受信した電子メールはインターネットに接続しなくとも読むことができるわけですが、逆に複数のコンピュータを使い分けたい場合には不便さを生むことになります。IMAPという方式では、POPとは逆にサーバ側でメールを管理するという前提になっているため、インターネットに接続されている環境であれば、どのコンピュータからでも電子メールを読み書きすることができます。

関連用語

ネットワークプロトコル ………… 36
ポート番号 ……………………… 54
インターネット (Internet) ……… 176
電子メール (e-mail) …………… 188

SMTP
(Simple Mail Transfer Protocol) ……… 196
IMAP
(Internet Message Access Protocol) … 200

POPサーバ

アリ〜メール届イテマスカ？

ハイハイキテマスヨ

POPとは、インターネットメールの受信用に用いられるプロトコルです。
このPOPに対応したサーバのことをPOPサーバと呼びます。

電子メールを実際の郵便に置き換えて考えると…

ポストに入れる → 郵便屋さんが運ぶ → 郵便うけに届く → 郵便うけから取り出す

郵便受けに保管することと、そこから取り出すまでが、POPの役割りとなります。

POPサーバには次のような2つの仕事があります。

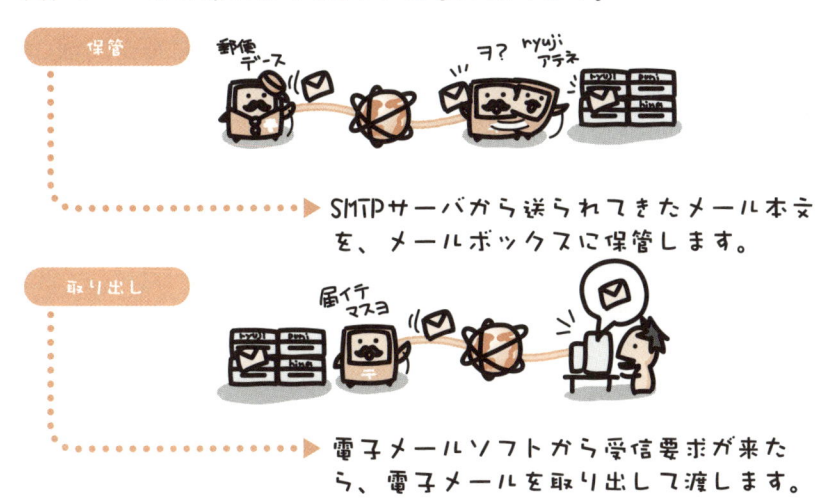

保管

郵便デース　ヲ？　ryuji アテネ

▶ SMTPサーバから送られてきたメール本文を、メールボックスに保管します。

取り出し

届イテマスヨ

▶ 電子メールソフトから受信要求が来たら、電子メールを取り出して渡します。

❼ インターネット編

IMAP
アイマップ
(Internet Message Access Protocol)

　受信したインターネットメールをサーバから取得するためのネットワークプロトコルで、通常は通信ポートとして143番を使用します。現在はIMAP4というバージョンが利用されています。

　受信メールをサーバから取得するというと、他にPOPという受信用のプロトコルが存在します。両者ともに「メールを取得する」という目的は同じなのですが、根本的な考え方が違います。POPは基本的に受信メールをダウンロードするためのプロトコルです。そのためサーバ側にデータは残らず、複数のコンピュータを使い分けているような環境では、データを共有することが困難でした。たとえば、会社のコンピュータで受信した電子メールは、自宅のコンピュータでは参照できないなど、双方のコンピュータ上で同じデータを共有するためには、手動でファイルのコピーを行わねばならず、現実的ではなかったのです。これに対し、IMAPでは送信した電子メールを含む、すべての送受信データをサーバ上で管理します。したがって、データは常に1ヶ所で管理されることになり、IMAPに対応した電子メールソフトさえあれば、どのコンピュータからでも同じデータを用いて電子メールの送受信が行えるようになるわけです。

　IMAPのプロトコル仕様は、POPに比較して複雑であったため、当初は対応した電子メールソフトが少なく、そのためさらに普及が遅れるといった悪循環に陥っていました。しかし、最近ではOutlook ExpressやWindowsメールなどの主要な電子メールソフトが対応したこともあり、少しずつ利用者が広まりつつあります。

関連用語

ネットワークプロトコル……………………36
インターネット(Internet)…………………176
電子メール(e-mail)………………………188
SMTP
　(Simple Mail Transfer Protocol)………196
POP(Post Office Protocol)………………198

IMAPサーバ

げぷ

サーバ上のメールボックスを
リモート操作するイメージです

IMAPとは、受信したインターネットメールをサーバから取得するためのプロトコルです。POPと違い送受信データをサーバ上で管理するため、どのコンピュータからでも同じデータを参照することができます。

POPが電子メールのダウンロードプロトコルだとすると、IMAPはメールボックスへのアクセス制御プロトコルだと言えます。

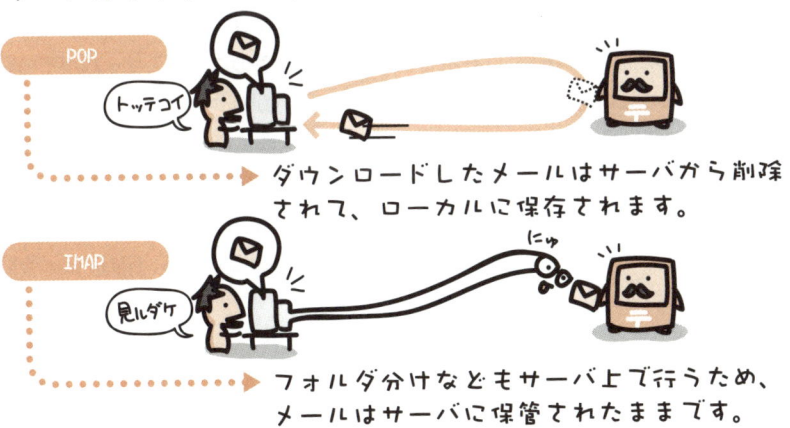

POP
トッテコイ

→ ダウンロードしたメールはサーバから削除されて、ローカルに保存されます。

IMAP
見ルダケ
にゅ

→ フォルダ分けなどもサーバ上で行うため、メールはサーバに保管されたままです。

メールサーバ上に送受信データを置いているため、複数のコンピュータを使い分けている環境でも、常に同一のデータを用いて送受信を行うことができます。

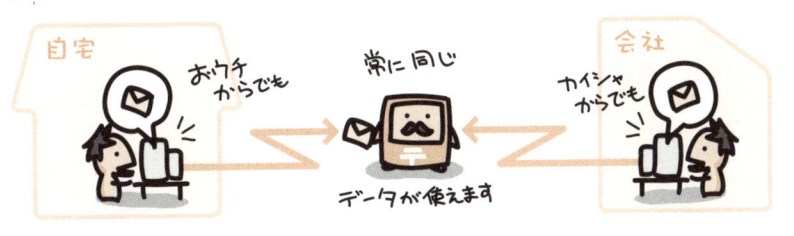

自宅　　　常に同じ　　　会社
おウチ　　　　　　　　カイシャ
からでも　　　　　　　からでも
　　　　データが使えます

7 インターネット編

エヌエヌティーピー
NNTP
(Network News Transfer Protocol)

　インターネット上の電子会議室システムである、ネットニュースにおいて使用されるネットワークプロトコルで、通常は通信ポートとして119番を使用します。投稿記事の配信や、ユーザからの投稿受け付け、およびニュースサーバ間で行われる記事の交換に用いられます。

　ニュースサーバとは、ネットニュース上を流れる記事の保存と配信を行うサーバで、NNTPサーバとも呼ばれます。ネットニュースにおける最大の特徴は、このニュースサーバ同士がNNTPを用いて相互に情報交換することにあります。

　ニュースサーバは投稿を受けると、その内容を隣接するニュースサーバにも伝達します。ただし記事の送信は無条件に行われるのではなく、相手のニュースサーバがその記事を持っていない場合だけ行うことになっています。それがバケツリレーのようにニュースサーバ間で繰り返されて行くことによって、世界中のニュースサーバから同じ投稿内容を参照できるようになっているのです。

　古くはUUCP(Unix to Unix CoPy)というプロトコルを用いて、サーバ間でのやり取りを行っていましたが、TCP/IPによる常時接続が一般化したことから、NNTPによる配信が一般化されました。

関連用語

ネットワークプロトコル	36	インターネット(Internet)	176
ポート番号	54	ネットニュース(Net News)	190
TCP/IP	38		

NNTPとは、インターネット上の電子会議室システムであるネットニュースにおいて使われるプロトコルです。
投稿記事配信や投稿の受け付け、ニュースサーバ間での記事交換に用いられています。

ニュースサーバとは、ネットニュース上を流れる記事の保存と配信を行うサーバです。

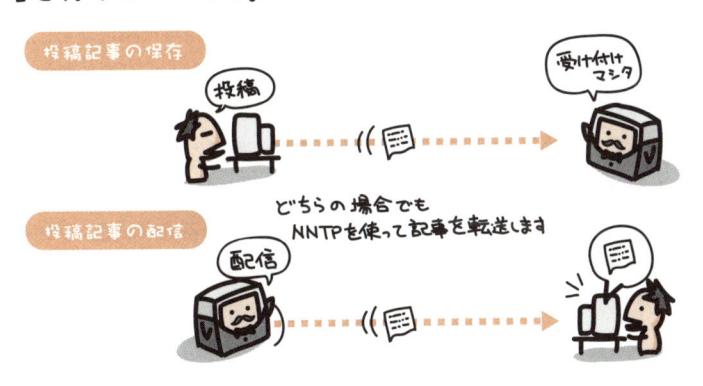

投稿記事の保存

投稿記事の配信

どちらの場合でも NNTPを使って記事を転送します

ネットニュースでもっとも特徴的なのが、ニュースサーバ同士が相互に情報交換することです。

投稿記事を受け取ると… 隣接するサーバが持っているか確認して 持っていなければ流します

この一連のやり取りも、NNTPで行われます。

⑦ インターネット編

FTP
エフティーピー
(File Transfer Protocol)

　サーバとクライアントという2台のコンピュータ間で、ファイル転送を行うためのネットワークプロトコルです。通常は通信ポートとして制御用に21番、データ転送用に20番を使用します。

　FTPによるファイル転送は、ユーザ認証からはじまります。ユーザ認証にパスしたユーザは、FTPのコマンドを用いてフォルダの作成や、ファイルのダウンロードやアップロードといった操作を行うことができます。

　FTPによるファイルの送受信に関しては、ユーザごとに細かく権限を設定することが可能です。これによって、特定のユーザは参照のみだとか、このフォルダは一部のユーザだけが参照できるといった制限をサーバ側で行うことができます。こうしたユーザコントロールをサポートしているのが、ファイル転送用として重用される理由です。

　FTPで行うファイルの転送には、ASCIIモードとバイナリモードという2つのモードがあります。ASCIIモードは主にテキストファイルの転送時に用いるモードで、ファイル内の改行コードを転送先のシステムに合うかたちへ変換します。バイナリモードはその逆に一切の変換を行わないモードです。プログラムの実行ファイルや画像ファイルなど、ファイル内容を改変されては困るデータではこちらのモードを利用します。

　インターネット上で公開されているFTPサーバは、ファイルの配布用として誰でもダウンロードを行えるようにしたanonymous（匿名）ftpが一般的です。

関連用語

ネットワークプロトコル ………… 36	インターネット(Internet) ………… 176
ポート番号 ………… 54	

ダウンロード
サーバからファイルを
コピーします。

アップロード
サーバ上へファイルを
コピーします。

FTPとは、サーバとクライアントの間でファイル転送を行うためのプロトコルです。
ファイルのダウンロード、アップロードの他に、ファイルの権限変更やディレクトリ作成など様々な操作が行えます。

FTPでは、ユーザ認証を行うことによって、ユーザごとに細かく権限を管理できるのが特徴です。

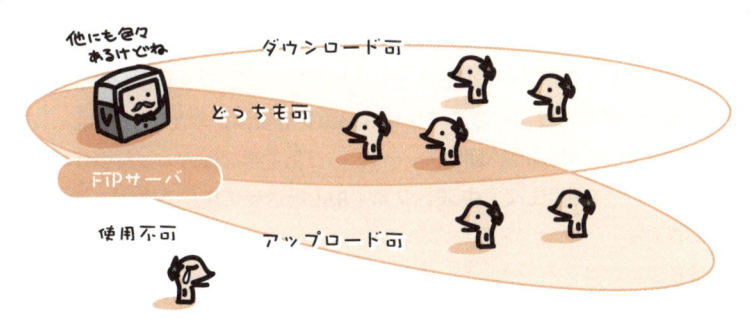

他にも色々あるけどね
ダウンロード可
どっちも可
FTPサーバ
使用不可
アップロード可

ファイルの転送には、ASCIIモードとバイナリモードという2つのモードがあります。

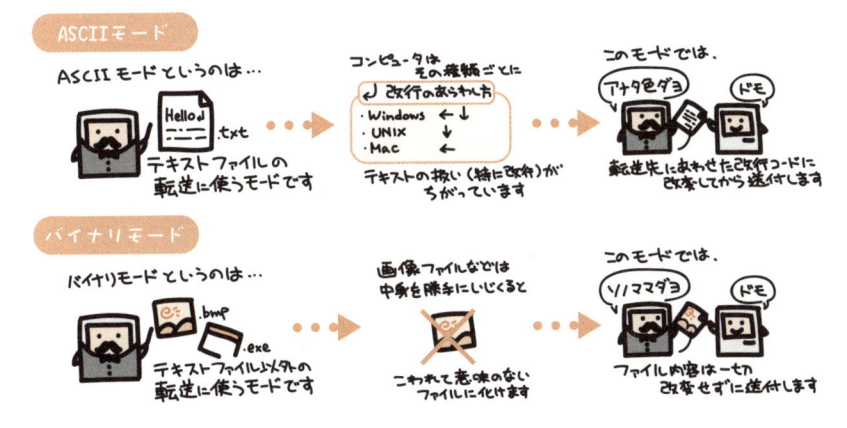

ASCIIモード
ASCIIモードというのは…
テキストファイルの転送に使うモードです
コンピュータはその機種ごとに
改行のあらわし方
・Windows ←↓
・UNIX ↓
・Mac ←
テキストの扱い(特に改行)がちがっています
このモードでは、
アナタ色ダヨ ドモ
転送先にあわせた改行コードに改変してから送付します

バイナリモード
バイナリモードというのは…
テキストファイル以外の転送に使うモードです
画像ファイルなどは中身を勝手にいじくると
こわれて意味のないファイルに化けます
このモードでは、
ソノママダヨ ドモ
ファイル内容は一切改変せずに送付します

SSL（エスエスエル）
(Secure Sockets Layer)

　旧Netscape Communications社の開発した暗号化プロトコルで、インターネット上で安全に情報をやり取りするために使用されます。

　インターネット上の通信においては、他者が本来の通信相手の振りをする「なりすまし」や、通信経路途中での盗聴やデータの改ざんなど、様々な危険が存在します。これらはいずれも、クレジットカード番号やパスワードなどの重要な情報が奪われる危険性をはらんでいます。

　SSLを利用した通信では、ネットワーク上でお互いを認証できるようにすることで「なりすまし」を防ぎ、通信データを暗号化することによってデータの盗聴や改ざんを防ぎます。こうした安全性は、インターネット上のオンラインショッピングなど、ネット上のサービスを多様化させるために欠かせない重要な要素と言えます。Microsoft社のInternet Explorerや、Mozilla財団のFirefoxといった主要なWWWブラウザはSSLに対応しており、これらを利用していた場合には、SSL対応サーバとの間で安全な通信を行うことができます。

　OSI参照モデルで言うと、SSLはトランスポート層とアプリケーション層との間に位置します。上位のアプリケーション層からは、特定のプロトコルに依存せず利用することができますので、HTTPやFTPなど様々なプロトコルで安全な通信を可能にします。

関連用語

OSI参照モデル ……………………… 34	WWW（World Wide Web） ……………… 182
ネットワークプロトコル …………… 36	WWWブラウザ ………………………… 184
ポート番号 …………………………… 54	FTP（File Transfer Protocol） ………… 204
インターネット（Internet） ………… 176	

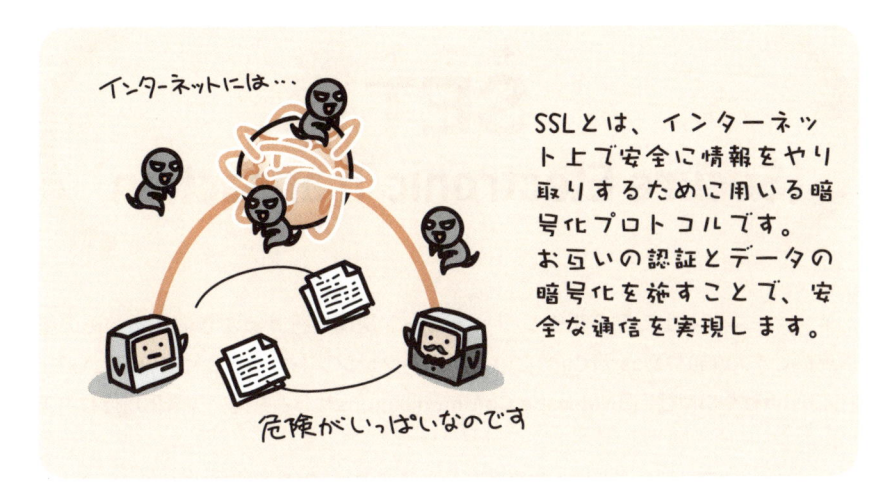

インターネットには…

危険がいっぱいなのです

SSLとは、インターネット上で安全に情報をやり取りするために用いる暗号化プロトコルです。お互いの認証とデータの暗号化を施すことで、安全な通信を実現します。

インターネットで行う通信は、「なりすまし」やデータの盗聴、改ざんといった危険に常時さらされています。

なりすまし
通信相手になりすまして、データを盗みます。

盗聴や改ざん
経路上でデータの盗み見や、書き換えを行います。

SSLで行う通信は、簡単に言うと以下のようなステップを経ることで安全な通信を行います。

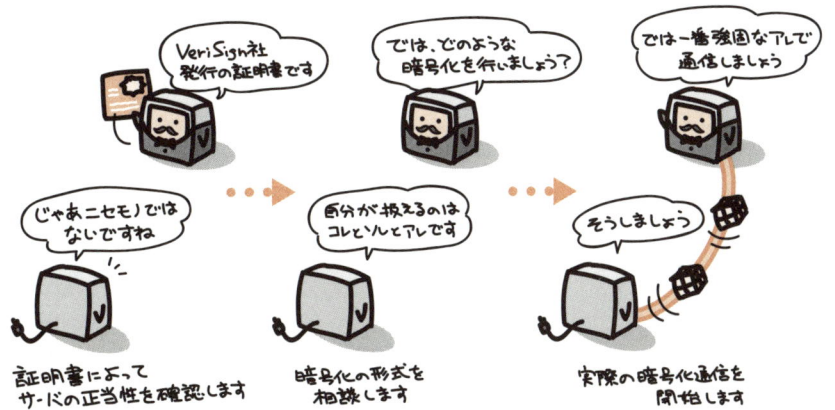

VeriSign社発行の証明書です
じゃあニセモノではないですね
証明書によってサーバの正当性を確認します

では、どのような暗号化を行いましょう？
自分が扱えるのはコレとソレとアレです
暗号化の形式を相談します

では一番強固なアレで通信しましょう
そうしましょう
実際の暗号化通信を開始します

SET
(Secure Electronic Transaction)

インターネット上で安全にクレジットカード決済を行えるようにするための標準規格です。VisaやMasterCardといった大手クレジットカード会社を中心として、Microsoft社やIBM社、旧Netscape Communications社らと共同で標準化が行われました。

SETでは、決済に関わる登場人物を顧客と電子商店、金融機関の3つに分け、それぞれが偽物でないことを証明するための認証機関（CA:Certificate Authority）を設置します。認証機関では証明書の発行を行い、決済に関わる登場人物はこの証明書を使って自分自身の正当性を証明するのです。

SET上で流れる情報は、商品を購入するために必要な情報と、クレジットカード決済のために必要な情報とが切り離されています。注文を受けた電子商店では金融機関に対して決済情報を送り、承認結果がOKであった場合に販売を行うことになります。この時、決済に必要とされる情報は金融機関と顧客との間で暗号化された情報であるため、電子商店にこの決済情報は開示されません。こうした仕組みによって、クレジットカード番号の漏洩に関する安全性が保証されています。

このSETを利用するには、クライアントとなるコンピュータ上に、電子財布と呼ばれる専用のソフトウェアが必要です。また、電子商店側でも専用の高価なシステムを構築する必要があります。こうしたことが原因で、残念ながら広く普及するには至っていません。

関連用語

クライアントとサーバ …………… 16
インターネット(Internet) ………… 176
WWW(World Wide Web) ………… 182

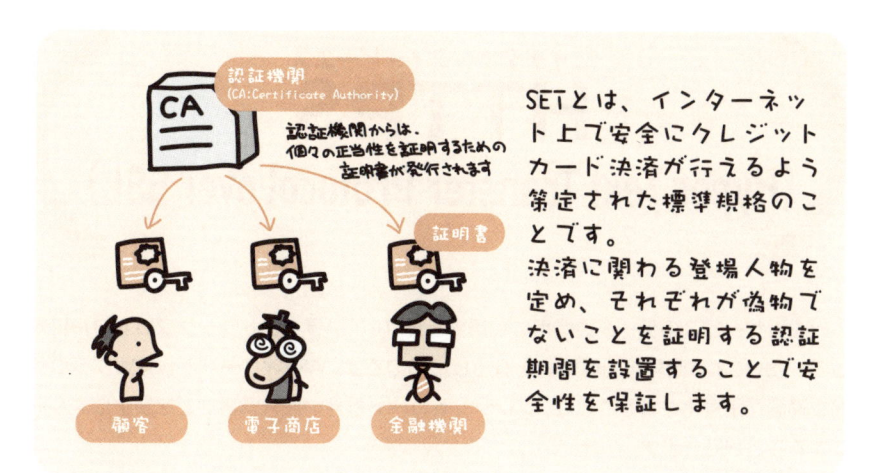

認証機関
(CA:Certificate Authority)

認証機関からは、個々の正当性を証明するための証明書が発行されます

証明書

顧客　電子商店　金融機関

SETとは、インターネット上で安全にクレジットカード決済が行えるよう策定された標準規格のことです。
決済に関わる登場人物を定め、それぞれが偽物でないことを証明する認証期間を設置することで安全性を保証します。

SETでは、以下のような手順でクレジットカード決済を行います。通信はすべて暗号化された状態で行われます。

注文
注文デス / ハイヨ

顧客から商店へと注文が送られます。この際、決済情報もあわせて送付されます。

決済承認依頼
コレデ支払イ可能？

商店は決済情報を読めないので、金融機関にそのまま転送します。

決済承認
ラジャ / OKデス

決済情報に問題のないことが、金融機関から商店へと伝えられます。

販売
ワーイ / 毎度アリ

実際の販売処理が行われて、顧客へ商品が届けられます。

❼ インターネット編

HTTPS
エイチティーティーピーエス
(Hyper Text Transfer Protocol over SSL)

　WWWサービスのデータ通信用に利用するHTTPというネットワークプロトコルに対して、SSLによる暗号化通信機能を追加したものです。WWWサーバとWWWブラウザ間の通信が暗号化されることで、クレジットカード番号や個人情報などを安全にやり取りすることができます。

　WWWブラウザを用いてホームページを閲覧する時は、表示させたいURLをアドレスとして指定します。通常このアドレスは「http://」ではじまっているのが普通です。しかし、オンラインショッピングを利用している時などに、このアドレスが「https://」ではじまっている場合があります。これはHTTPSを用いて暗号化通信が行われることを示しているのです。

　HTTPSではじまるURLのページでは、そのページ上から送信される情報はHTTPSによって安全が保証されることを示しています。これによって、オンラインショッピングでクレジットカード番号を入力したり、会員登録という名目で個人情報を入力したり、そういった情報の漏洩が防止されます。

　Microsoft社のInternet Explorerや、Mozilla財団のFirefoxといった主要なWWWブラウザはこのプロトコルに対応しています。これらのWWWブラウザでHTTPSによる通信を行うと、インジケータ部分に暗号化通信中であることを示す鍵マークが表示されます。

関連用語

ネットワークプロトコル ……………… 36　　WWWブラウザ ……………………… 184
インターネット(Internet) …………… 176　　HTTP(HyperText Transfer Protocol) … 194
URL(Uniform Resource Locator) …… 186　　SSL(Secure Sockets Layer) ………… 206
WWW(World Wide Web) …………… 182

HTTPSによる通信は暗号化によって守られています

HTTPSとは、WWWサービスでサーバとのやり取りに使われるHTTPに、SSLによる暗号化通信を追加したプロトコルです。https://ではじまるURLのページは、HTTPSによる暗号化通信が行われることを示しています。

HTTPSに対応したWWWブラウザでは、HTTPSに対応したページ上で暗号化通信を行うことができます。

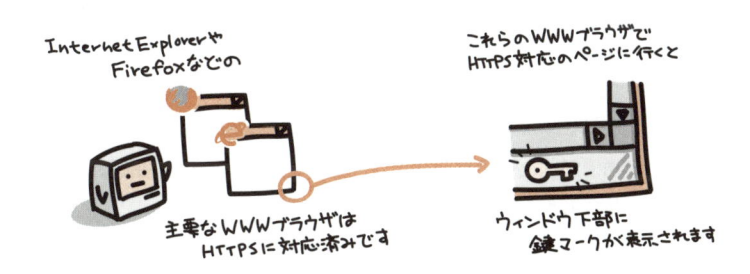

Internet ExplorerやFirefoxなどの主要なWWWブラウザはHTTPSに対応済みです

これらのWWWブラウザでHTTPS対応のページに行くとウィンドウ下部に鍵マークが表示されます

このプロトコルを使って情報を送信することで、オンラインショッピングでのクレジットカード番号や、会員登録などで入力する個人情報などの漏洩を防止することができます。

防御は…　完璧なのだ　ミエナイ

❼ インターネット編

NTP
エヌティーピー
(Network Time Protocol)

　インターネットで標準的に用いられている時刻情報プロトコルで、ネットワーク上にあるコンピュータの時刻を同期させるために使用します。このプロトコルを利用するクライアントコンピュータは、ネットワーク上のNTPサーバから基準となる時刻情報を受け取り、その情報をもとに内部時計を修正します。

　NTPサーバは階層構造となっており、もっとも正確な時刻情報を持つ最上位のNTPサーバを「Stratum 1」と呼びます。このサーバは原子時計やGPSといった正確な時刻情報と同期して常に自分の内部時計を修正します。その下層には「Stratum 2」というNTPサーバがぶら下がり、以後「Stratum 3、4…」と計15階層まで階層化させることができます。このような構成であるため、下の階層になるほど精度は低くなることになります。

　ネットワークを使った通信であるために、途中経路の性質によってパケットの到達に要する時間は様々です。NTPではこのような通信時間に関しても織り込み済みとなっており、サーバとの通信時間とそのばらつきを考慮した上で、時刻同期の頻度を修正するなどして、精度を保つようにしています。

　インターネットへの常時接続が普及しつつあることに関係してか、Microsoft社のOSにはNTPクライアントの機能が標準で実装されるようになっており、コンピュータの時刻情報が定期的に修正されています。

関連用語

ネットワークプロトコル……………………36　　インターネット（Internet）……………176

NTPとは、インターネットで標準的に用いられている時刻情報プロトコルで、ネットワーク上にあるコンピュータの時刻を同期させるために使用します。

クライアントは、ネットワーク上のNTPサーバから基準となる時刻情報を受け取って、それをもとに内部時計を修正します。

NTPサーバは階層構造となっており、頂点となる「Stratum 1」から順に、「Stratum 2、3…」と15階層まで階層化することができます。

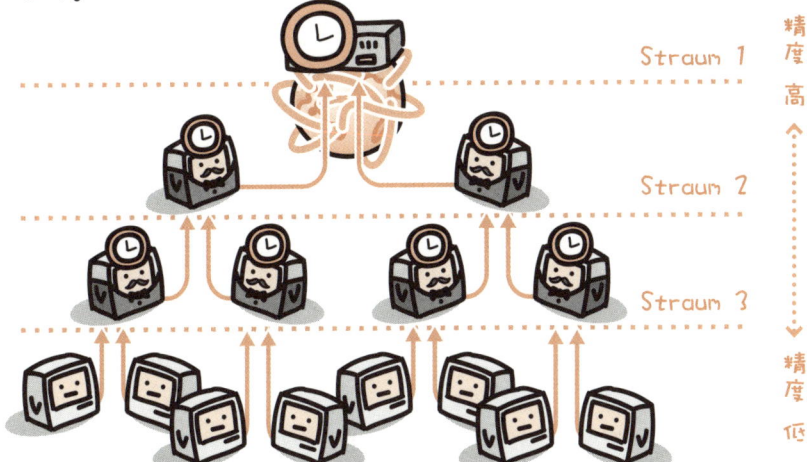

Straum 1
Straum 2
Straum 3

精度高 ↕ 精度低

❼ インターネット編

MIME
(Multipurpose Internet Mail Extensions)

　インターネットメールでは、本来はASCII文字しか扱うことができません。これを拡張して日本語など2バイト文字の取り扱いや、電子メールへのファイル添付を可能とするための規格がMIMEです。

　MIMEの基本的な動作は、電子メール本文を複数のパートに分け、パートごとに「Content-Type」などの各種ヘッダ情報を付加して、そこにASCII文字に変換したバイナリデータを格納するというものです。Content-Typeにはtextやimage、audioなど様々な種別を指定することができ、受け取った側はこの種別をもとに動作を決定します。この種別を指して、MIMEタイプと呼ぶ場合もあります。

　データをASCII文字に変換するには、主にBase64という方法を用います。変換方法には他にもuuencodeやQuoted Printableなどがあり、どの変換方法を用いたのかはMIMEによって付加されるヘッダ情報に記述されています。このヘッダ情報をもとに、受信側ではデータをもとのファイルへと復元するのです。

　古い電子メールソフトを利用した場合、こうした規格に対応していないことがあります。その場合は、受信した電子メールの本文に、だらだらと意味不明な文字列が続くことになります。この意味不明な文字列がASCII文字に変換されたデータそのもので、それが復元できずに表示されてしまっているのです。

　MIMEが現在ほど一般的でなかった頃は、こうした添付ファイルについては別の専用ツールを使って復元する、などということも珍しくありませんでした。

関連用語

インターネット(Internet) …………… 176　　電子メール(e-mail) …………… 188

MIMEとは、本来ASCII文字しか扱うことのできないインターネットメールで、日本語などの2バイト文字や、ファイルの添付を可能にするための規格です。

メールを複数のパートに区切り、ASCII文字に変換したデータを貼っつけます

MIMEではASCII文字しか扱えないインターネットメールのために、データをASCII文字へ変換して本文へ貼り付けます。

ただしそのままでは本来の文と区別がつかなくなるので、メールをパートごとに分けて、どんなデータなのか種別を記します。

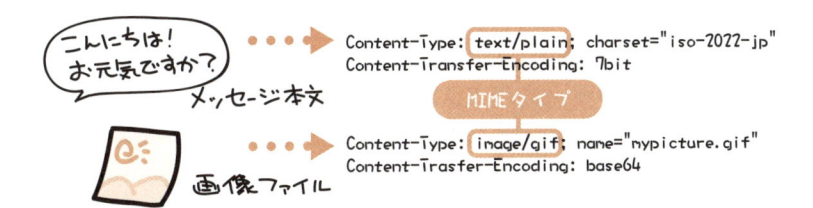

```
Content-Type: text/plain; charset="iso-2022-jp"
Content-Transfer-Encoding: 7bit
```
MIMEタイプ
```
Content-Type: image/gif; name="mypicture.gif"
Content-Trasfer-Encoding: base64
```

受け取った側では、記された種別をもとに、各パートを復元して参照することになります。

ICMP
(Internet Control Message Protocol)
アイシーエムピー

　TCP/IPのパケット転送において、発生した各種エラー情報を報告するために利用されるネットワークプロトコルです。通信中にエラーが発生した場合は、エラーの発生場所からパケットの送信元に対して、ICMPによってエラー情報が逆送されます。途中経路の機器は、この報告によってネットワークに発生した障害を知ることができるのです。

　このICMPを利用したネットワーク検査コマンドとして有名なのが、pingとtracerouteです。

　pingはネットワークの疎通を確認するためのコマンドです。具体的には、確認したいコンピュータに対してIPパケットを発行し、そのパケットが正しく届いて返答が行われることを確認します。このコマンドが正常に実行されることで、パケットが無事に届けられることがわかり、ネットワークの疎通を確認することができるわけです。また、この際には到達時間も表示されるため、簡単なネットワーク性能チェックにも利用できます。

　tracerouteはネットワークの経路を調査するためのコマンドです。目的のコンピュータに到達するまでの間に、どのようなルータを経由して辿り着くのかといった情報をリスト表示することができます。たとえばpingが正常に終了しなかった場合、このコマンドによって経路上で不良を起こしている箇所を見つけ出すことができます。また、経路上に存在する各ルータからのレスポンスを計ることができますので、ネットワーク上のボトルネック（経路上で通信速度の出ない要因となっている個所）を調査することも可能です。

関連用語

ネットワークプロトコル	36	パケット	46
IP（Internet Protocol）	40	ルータ	124
TCP/IP	38		

ICMPとは、TCP/IPのパケット転送において、発生した各種のエラーを報告するために利用されるプロトコルです。
通信エラー発生時には、その発生場所からICMPを使ってエラー情報が逆送されてきます。

ネットワークに障害が発生した場合、ICMPでエラー情報が逆送されてくることにより、発生した障害内容を知ることができます。

このICMPを利用したネットワーク検査コマンドとして、以下の2つが有名です。

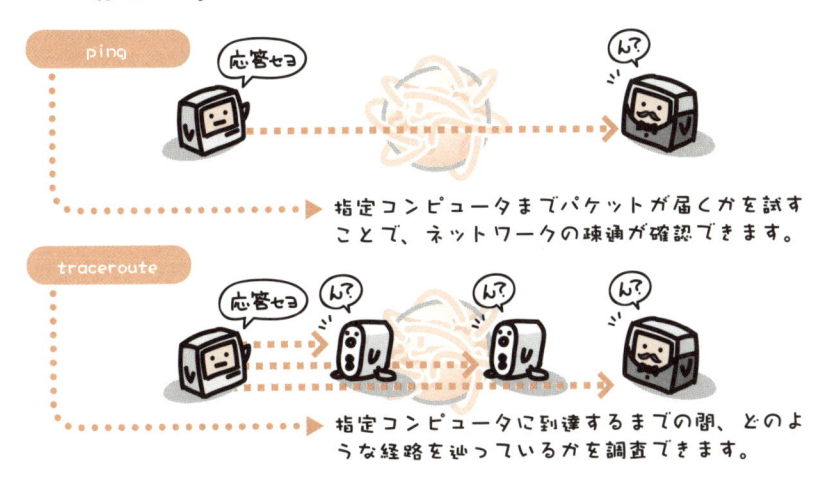

ping
指定コンピュータまでパケットが届くかを試すことで、ネットワークの疎通が確認できます。

traceroute
指定コンピュータに到達するまでの間、どのような経路を辿っているかを調査できます。

7 インターネット編

HTML
エイチティーエムエル
(Hyper Text Markup Language)

　インターネットで広く利用されている、WWW用のドキュメントを記述するために用いる言語です。ドキュメント内にリンクを設定することで、ドキュメント同士を相互に連結させることができます。このような特徴を持つテキストをハイパーテキストと呼び、HTMLという名前はここから来ています。

　HTMLで記述されたドキュメントは、内容的には単なるテキストファイルに過ぎません。しかし、HTMLにはタグという予約語がいくつか決められており、そのタグによってドキュメントの論理構造や見栄えなどを指定できるようになっています。指定した内容をどのように表示するかは、WWWブラウザの担当となります。そのため、使用するWWWブラウザによって見栄えに違いが出てしまうといった問題があります。

　もともとHTMLという言語自体、技術文書の交換に目的を置いていたため、文書構造をいかに表現するかという点が重要でした。内容こそが意味を持ち、単なる見栄えなどは重視されなかったのです。しかし、WWWが一般化するにしたがい、技術者以外のユーザが爆発的に増加しました。これによりユーザニーズは変化して、見栄えを含む様々な拡張が施されていくこととなったのです。こうしたHTMLの拡張は、W3C(World Wide Web Consortium)という非営利団体により管理されています。

関連用語

インターネット(Internet) ……………………… 176　　WWWブラウザ ……………………… 184
WWW(World Wide Web) ……………………… 182　　HTTP(HyperText Transfer Protocol) … 194

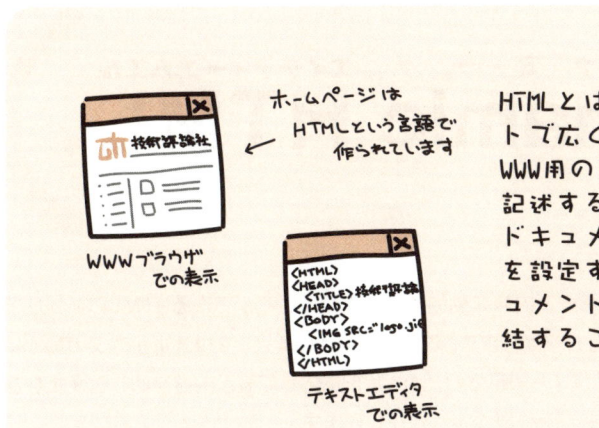

HTMLとは、インターネットで広く利用されているWWW用のドキュメントを記述する言語です。
ドキュメント内にリンクを設定することで、ドキュメント同士を相互に連結することができます。

「言語」というのは、ある法則にのっとった書式という意味です。つまりHTMLという名前で決められた書式があるわけです。

HTMLの書式は、タグと呼ばれる予約語をテキストファイル内に埋め込むことで、文書の見映えや論理構造を指定するようになっています。

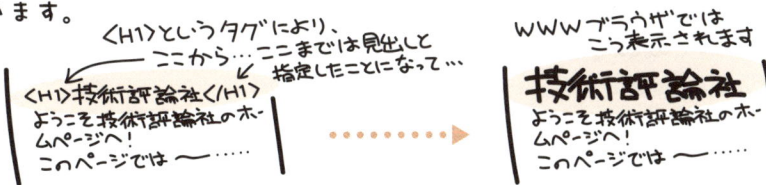

アンカーというタグでは、他の文書へリンクを設定することができ、そうして文書同士を連結することができるのが特徴です。

Dynamic HTML
ダイナミック エイチティーエムエル

　動的なHTML、つまりページ内容を動的に変化させることができるHTMLの拡張仕様です。省略してDHTMLとも呼ばれます。この技術を用いると、マウスポインタの動きに反応してメニューがハイライト表示されたり、状況に応じて表示内容を切り替えたりなど、動きのあるホームページを作成することができます。

　インターネットの普及に伴って、WWWにはより対話性のある表現が求められるようになりました。これに対し、Microsoft社のInternet Explorerや、旧Netscape Communications社のNetscape Navigatorといった主要なWWWブラウザでは、各々が独自の拡張を施すことで動的コンテンツの実現を図りました。これがDHTMLの始まりです。ただし、独自の拡張が起源となっているため、双方に互換性がないという問題を抱えています。

　WWWの技術標準化を推し進めるW3C(World Wide Web Consortium)では、DOM(Document Object Model)の勧告を行うことで、HTML内の要素をオブジェクトとして扱うための標準を定めました。現在はこのオブジェクトモデルを基礎に、HTML4.0、CSSなどのスタイルシート、JavaScriptなどのスクリプト言語を組み合わせることで、DHTMLのコア技術は成り立っています。

　なお、DHTMLによる動的な変化は、すべてクライアントのWWWブラウザ上で実行されます。そのためサーバへの通信を伴わずに内容を変化させることができ、ネットワークの負荷を軽減できるという点もメリットです。

関連用語

インターネット(Internet) ………………… 176
WWW(World Wide Web) ………………… 182
WWWブラウザ ………………… 184
HTML
(Hyper Text Markup Language) ……… 218
CSS(Cascading Style Sheets) ……… 224

Dynamic HTMLとは、ページ内容を動的に変化させることができるHTMLの拡張仕様のことです。
この技術を用いると、マウスポインタに反応して文書がハイライト表示されたりなど、動きのあるページを作ることができます。

インターネットの普及に伴って、WWWにはより対話性のある表現が求められるようになりました。そうして現れたのがDynamic HTMLです。

しかし、Internet ExplorerやNetscape Navigatorといった主要なWWWブラウザの独自拡張によって実現されたため、双方に互換性がないという問題を抱えています。

❼ インターネット編

JavaScript
ジャバスクリプト

　Netscape Communicasions社が、同社のWebブラウザNetscape Navigator2.0ではじめて実装したスクリプト言語のことです。Sun Microsystems社のJava言語に似た名称ですが、若干文法に似た点がある他は両者に互換性はなく、まったくの別物です。

　1997年にヨーロッパの標準団体であるECMAによって標準化が行われ、その仕様は「ECMAScript」として定められました。現在では多くのWebブラウザがこれをサポートする他、OSやアプリケーション上で自動処理を行うための仕掛けとして、このJavaScriptや類似のスクリプト言語を実装するケースが多く見られます。

　JavaScriptの主な用途は、印刷物と同じく静的なページでしかなかったWebサイトに、動的なメニュー操作や入力チェックといった動きや対話性を付加することです。スクリプト言語は「簡易的なプログラミング言語」と称されることも多く、記述したプログラムを複雑な手順なしで実行できるところに特徴がありますが、JavaScriptもそれに習いHTMLファイル内に直接プログラムを記述して、Webサイトに様々な動的効果を付加することができるようになっています。

　現在ではWebブラウザ間での互換性も高く、Webサイト構築には欠かせない存在となったJavaScriptですが、高機能であるが故に用法次第では悪意のあるWebページを生成できる可能性もあるなど、注意すべき点もないわけではありません。

【関連用語】

インターネット（Internet）	…176	HTML（Hyper Text Markup Lnguage）	…218
WWW（World Wide Web）	…182	Dynamic HTML	…220
WWWブラウザ	…184	Java	…228

JavaScriptとは、スクリプト言語の一種で、多くのWWWブラウザに実装されているものです。HTMLファイル内にプログラムを記述することで、Webサイトへ動的な効果を与えます。

HTMLファイル内に直接記述されたプログラムは、JavaScriptを解釈することのできるWWWブラウザによって、その場で「こう実行するんだな」と翻訳されながら動作することになります。

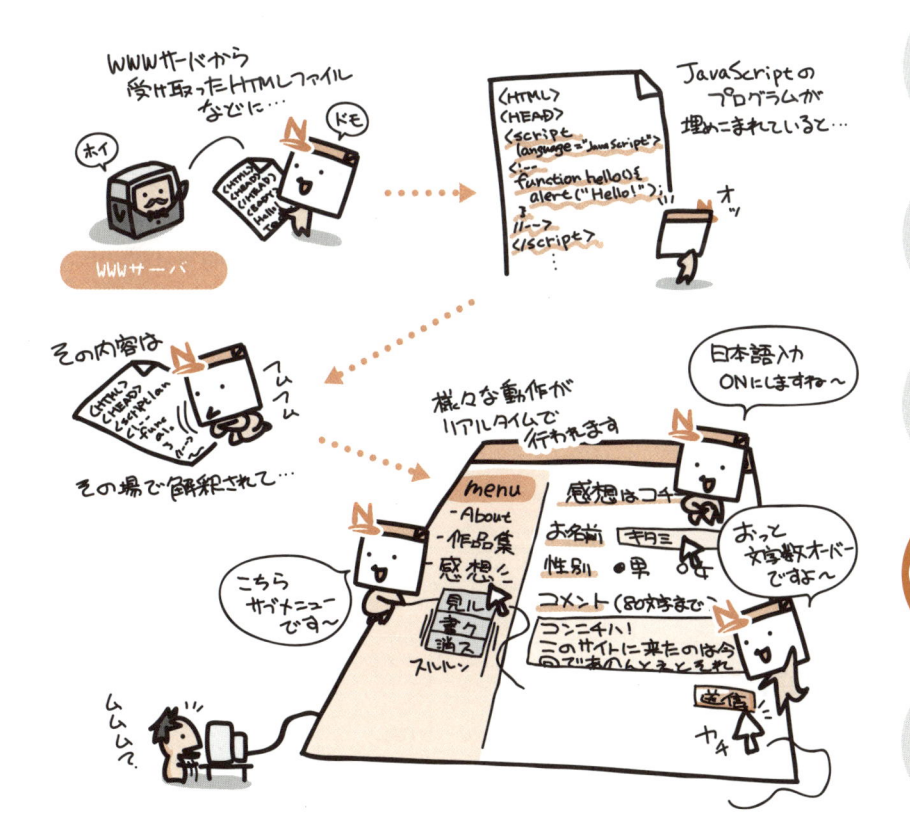

CSS
(Cascading Style Sheets)
シーエスエス

　HTMLによって記述された、ドキュメントのレイアウトなど見栄えを定義するための言語です。

　インターネットの普及に伴い、WWWに対してはより見栄えを向上させるための表現が求められてきました。HTMLの言語仕様もそれに準ずる形で拡張を続け、視覚的な効果を上げるためのタグが多数追加されることになります。しかし、これによって本来のHTMLが持っていた「文書の論理構造を記述する」という目的が薄れ、拡張内容もWWWブラウザごとに表示結果が異なるなど、様々な弊害が生まれることになったのです。

　CSSは、従来HTML内で指定していた、レイアウトなどの視覚的な表現に関する部分を代替する言語です。これによって文書とレイアウトの定義が完全に分離され、HTMLは本来の「文書の論理構造を記述する」ための言語に立ち返ることができるのです。

　CSSではフォントや色、背景など様々な属性を指定することができます。この内容はHTML内に埋め込むこともできますが、本来の目的が「HTMLからレイアウト定義を分離させる」ことであるために、外部ファイルに定義を記述して、HTML内にはそのリンクを埋め込む方法が一般的です。

　現在はHTMLが文書構造を、CSSが表現方法を、スクリプト言語が動的変化を与える方向で、3者の担当分けが成されてDynamic HTMLのコア技術となっています。

関連用語

- インターネット（Internet） ……………… 176
- WWW（World Wide Web） …………… 182
- WWWブラウザ ……………………………… 184
- HTML（Hyper Text Markup Language） ……… 218
- Dynamic HTML ……………………………… 220

CSSとは、HTMLによって記述されたドキュメントの、レイアウトなど見映えを定義するための言語です。
HTMLを「文書構造を定義する言語」という本来の目的に立ち返らせるために登場しました。

CSSは従来HTMLで行っていた見映え指定（フォントサイズやレイアウト、色指定など）を代替するとともに、より高度な表現を可能にする言語です。

視覚的な表現に関する部分をCSSに切り分けることで、同じHTML文書でも、様々な表現形態に切り替えることが可能となります。

❼ インターネット編

ActiveX
アクティブエックス

　Microsoft社が持つインターネット関連のテクノロジー全般を指し示す用語です。

　もともとMicrosoft社はインターネットに対して積極的ではなかったため、他のインターネット関連製品を扱う企業に対して大きく遅れをとっていました。その中で、今後の流れをインターネットに見定め、大きく事業転換を図った際に打ち出したのがActiveXです。インターネットとWindowsのデスクトップとの境界線をなくし、それとは意識させずに各アプリケーションからインターネットを利用させる。ActiveXはそのためのコア技術という位置付けです。ただしActiveXという言葉が、特定の製品を指し示すわけではありません。「インターネット対応機能を組み込む」ための技術を総称するものがActiveXなのです。

　クライアント側、つまりWWWブラウザ上で利用されるActiveXの技術としては、ソフトウェアを部品化させるActiveXコントロール、WordやExcelなどで作成されたデータをWWWブラウザに埋め込んで表示させるActiveXドキュメント、スクリプト言語によってホームページに動きを与えるActiveXスクリプトなどがあります。

　サーバ側の技術としては、スクリプト言語をサーバ上で実行して結果を返すASP（Active Server Pages）や、WWWサーバ機能を拡張するISAPI（Internet Server Application Program Interface）などがあります。

関連用語

インターネット（Internet） ……………………… 176
WWW（World Wide Web） ……………… 182
WWWブラウザ ……………………………………… 184

ActiveXとは、Microsoftが持つインターネット関連テクノロジー全般を指す用語です。
インターネットとWindowsとをシームレスにつなぐためのコア技術を総称する言葉で、特定の製品があるわけではありません。

Microsoftのインターネット関連テクノロジーがActiveXなのです

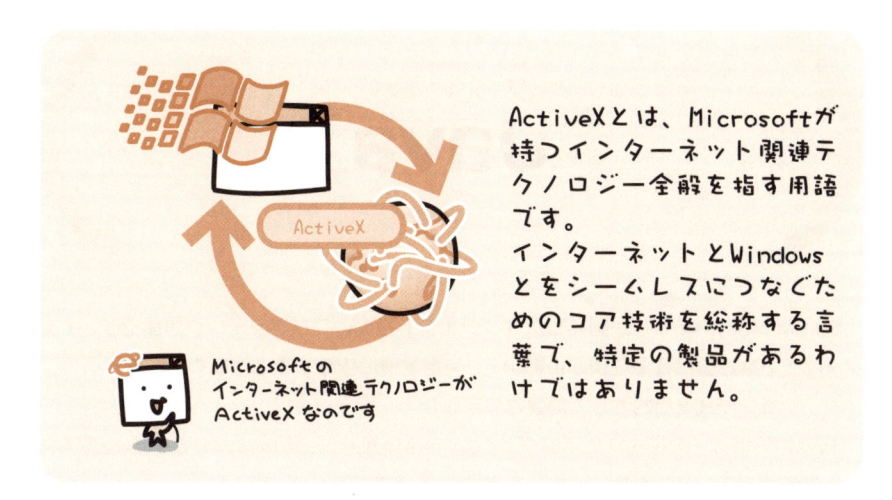

ActiveXは、大別するとクライアント側技術とサーバ技術とに分かれます。

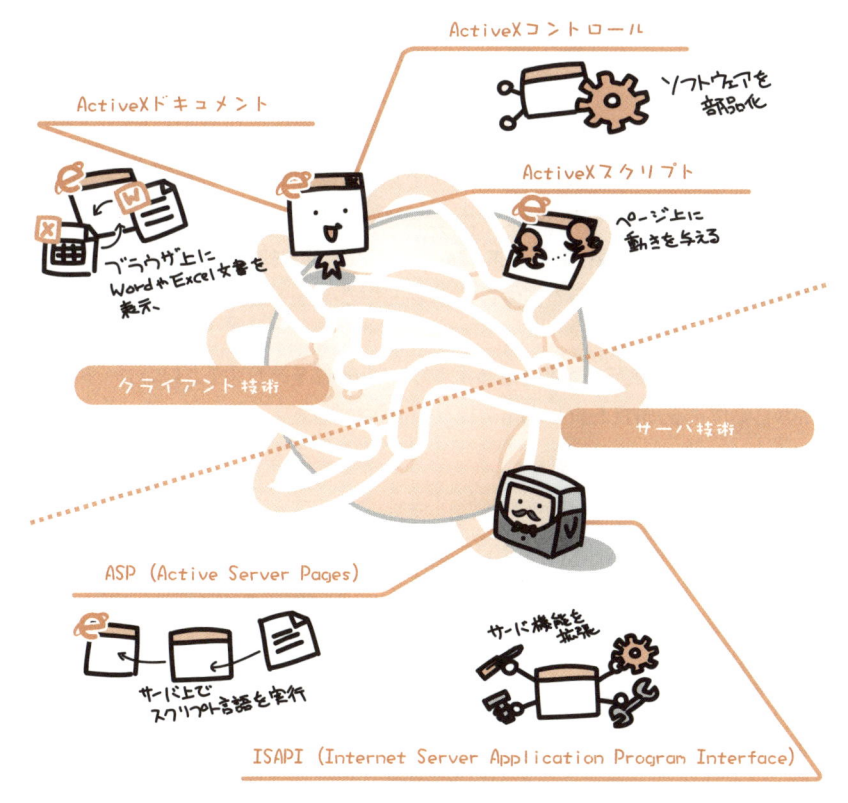

ActiveXドキュメント
ブラウザ上にWordやExcel文書を表示。

ActiveXコントロール
ソフトウェアを部品化

ActiveXスクリプト
ページ上に動きを与える

クライアント技術

サーバ技術

ASP (Active Server Pages)
サーバ上でスクリプト言語を実行

ISAPI (Internet Server Application Program Interface)
サーバに機能を拡張

Java
ジャバ

　Sun Microsystems社が開発したオブジェクト指向のプログラミング言語です。インターネットなど多機種混在環境において、特定機種に依存することなく実行できるアプリケーション作成を目的として開発されました。

　Javaの特徴は、作成されたプログラムがJava仮想マシン（JavaVM）という仮想環境上で動作することにあります。Javaで作成したプログラムは、バイトコードと呼ばれる中間コードの状態で配布され、Java仮想マシン上で実際に動作するためのコードに変換されます。このような仕組みであるため、Java仮想マシンが動作するプラットホームであれば、どのシステムでも同一のプログラムを動かすことができるのです。

　Javaで作成されるプログラムは、大別するとJavaアプリケーションとJavaアプレットとに分かれます。Javaアプリケーションとは、通常のソフトウェアと同様に単体で動作するアプリケーションのことです。特徴的なのはJavaアプレットの方で、こちらはWWWブラウザ上で動作するソフトウェアとなります。JavaアプレットはWWWサーバに本体が置かれており、実行時にクライアントへダウンロードされてWWWブラウザのJava仮想マシン上で実行されます。Java仮想マシンに対応したWWWブラウザがあれば機種を問わず、プログラム自体も実行時にダウンロードされるため配布の手間もかかりません。

　現在はより高速な実行が可能となるように、実行時にそのシステム用のコードを生成してから動作する、JIT（Just In Timeコンパイル）方式などの技術が用いられています。

関連用語

インターネット（Internet） ……………… 176	WWWブラウザ ……………………………… 184
WWW（World Wide Web） ……………… 182	

Javaとは、オブジェクト指向のプログラミング言語です。
インターネットなど多機種混在環境で、特定機種に依存することなく実行できるアプリケーションの作成を目的に開発されました。

どのプラットホームでも動かせるのがJavaの強み

Javaの特徴は、作成されたプログラムがJava仮想マシン（JavaVM）という仮想環境上で動作することにあります。

Java仮想マシン

Java仮想マシンの仮想環境

したがって、Java仮想マシンのある環境なら、プラットホームを選ばずに動作できるのです

プログラムは大別すると「Javaアプリケーション」と「Javaアプレット」とに分けられます。

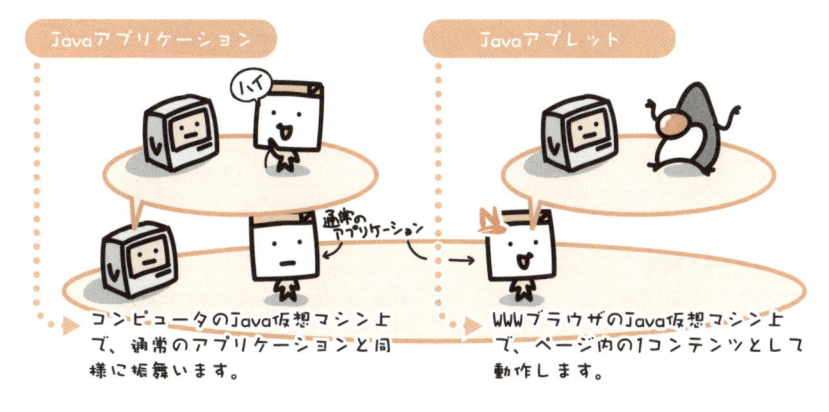

Javaアプリケーション

Javaアプレット

通常のアプリケーション

コンピュータのJava仮想マシン上で、通常のアプリケーションと同様に振舞います。

WWWブラウザのJava仮想マシン上で、ページ内の1コンテンツとして動作します。

CGI
(Common Gateway Interface)
シージーアイ

　WWWブラウザからの要求に応じて、WWWサーバ側で外部プログラムを実行する仕組みのことです。外部プログラムとのやり取りは基本的に標準入出力で行われ、実行結果をWWWブラウザに返却することで、動的なホームページを作成することができます。

　たとえば訪問者数を表示するカウンタや掲示板などは、CGIを利用したホームページの代表的なものです。

　WWWブラウザからの要求は、外部プログラムを示すURLを指定することで行われます。ただし通常はこのURLを利用者が直接指定することは珍しく、ほとんどはHTML内にあらかじめ埋め込まれた形となっています。この埋め込まれたURLに、たとえばページを表示するタイミングや、アンケートの入力を終えたタイミングでアクセスが行われ、CGIによって外部プログラムが実行されることになります。外部プログラムは実行した結果を標準出力に吐き出します。これはそのままWWWサーバを通じてWWWブラウザに転送され、要求した処理に対する結果として表示されるのです。

　CGIではプログラムの実行がサーバ側で行われるため、データベースやファイルといったサーバ側のリソースと連携させることができます。処理結果はHTMLとして返却されますので、クライアント側の環境に依存することもありません。そうした互換性の高さと、仕組みとしては単純なものであることから利用者も多く、現在広く普及しています。

関連用語

インターネット（Internet） …………………… 176
WWW（World Wide Web） ………………… 182
WWWブラウザ ………………………………… 184
URL（Uniform Resource Locator） ……… 186
HTML
　（Hyper Text Markup Language）……… 218

CGIとは、WWWブラウザからの要求に応じて、WWWサーバ側で外部プログラムを実行する仕組みのことです。
訪問者数を表示するカウンタや、自由に書き込みのできる掲示板などが代表的です。

掲示板やカウンタを実現してる仕組みですな

CGIプログラムを示すURLが要求されることで、WWWサーバは外部のプログラムを実行して、その処理結果を返します。

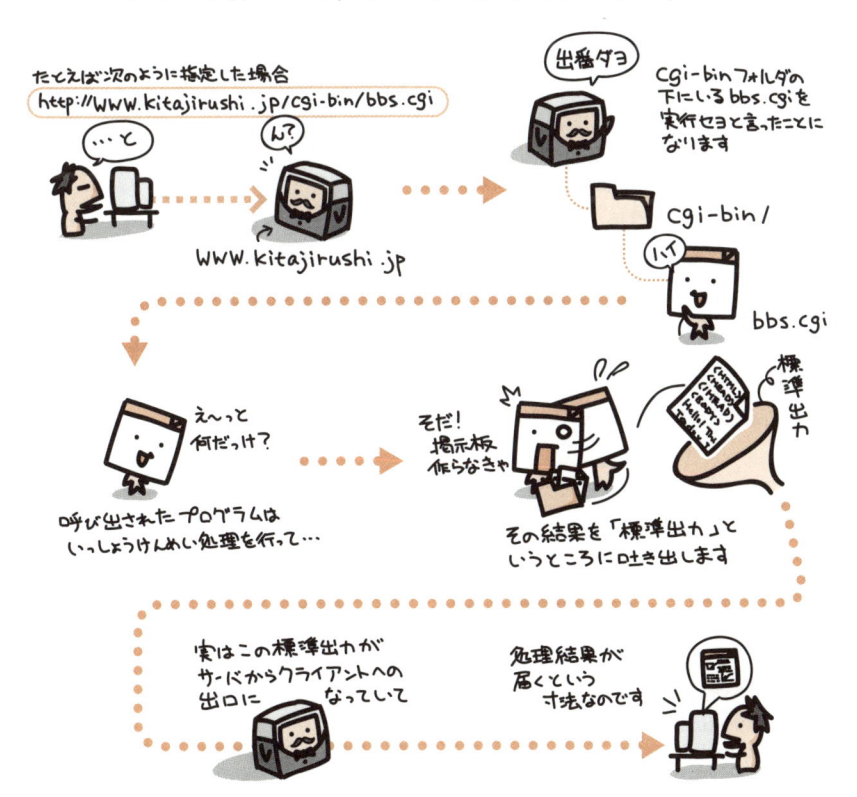

たとえば次のように指定した場合
http://www.kitajirushi.jp/cgi-bin/bbs.cgi

…と

ん？

www.kitajirushi.jp

出番ダヨ

cgi-binフォルダの下にいるbbs.cgiを実行セヨと言ったことになります

cgi-bin/

ハイ

bbs.cgi

え〜っと何だっけ？

呼び出されたプログラムはいっしょうけんめい処理を行って…

そだ！掲示板作らなきゃ

標準出力

その結果を「標準出力」というところに吐き出します

実はこの標準出力がサーバからクライアントへの出口になっていて

処理結果が届くという寸法なのです

7 インターネット編

Cookie
クッキー

　WWWブラウザとWWWサーバ間において、暗黙の情報交換を行うための仕組みです。旧Netscape Communications社によって開発され、現在は様々なWWWブラウザが対応しています。

　CookieはWWWサーバからの指示によって、WWWブラウザがクライアントコンピュータ内に保存します。その内容はWebサイトのドメイン名や、Cookieの有効期限といった基本情報の他に、その処理独自の値によって構成されています。Cookieによって保存された情報は、アクセスしたURLがCookie内の情報と一致する場合、自動的にWWWサーバへと送信されます。

　たとえばテレビ番組表を表示してくれるWebサイトがあったとします。はじめにユーザ登録を済ませ、その際に居住地域を指定しておく仕様であったとすると、その情報をCookieとして保存しておくことで、次回以降の訪問時には、そのユーザの地域に合った番組表を自動的に表示させることができるわけです。

　Cookieとはこのように、主にユーザを識別することを目的として利用するケースが多く、Webサイトをパーソナライズする用途に向いています。たとえばユーザによって色を変えてみたり、メニューの構成を変えてみたりといったことができるのです。

　ただし、Cookieによって保存される情報は、一切暗号化がされていません。そのためクライアントのコンピュータ上でいくらでも改ざんができてしまうため、セキュリティに絡む情報をCookieとして保存することは非常に危険です。

関連用語

インターネット(Internet) ……………… 176　　WWWブラウザ ……………………… 184
WWW(World Wide Web) ……………… 182　　URL(Uniform Resource Locator) …… 186

Cookieとは、WWWブラウザとWWWサーバ間において暗黙の情報交換を行うための仕組みです。Cookieを使うことで、クライアントに固有の情報を記憶させて、Webサイトをパーソナライズすることができます。

Cookieは、WWWサーバからの指示によってクライアントへ自動的に保存されるデータファイルです。

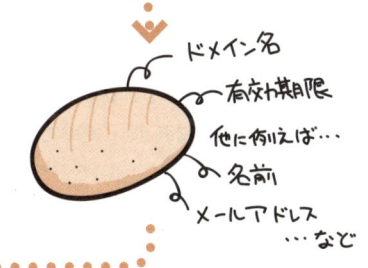

Cookieには、Webサイトのドメイン名や有効期限の他、記憶させたい独自の値が含まれています。

 - ドメイン名
 - 有効期限
 - 他に例えば…
 - 名前
 - メールアドレス
 - …など

このコンピュータが再度訪問してきた際には、Cookieが自動的にWWWサーバへと返却されます。

これによって、ユーザの識別や前回の状態保持を行うことができるのです。

XML
エックスエムエル
(eXtensible Markup Language)

　HTMLと同じマークアップ言語で、タグによって文書構造を示します。「extensible（拡張可能）」の名前が示す通り、タグを独自に定義することで機能を拡張することができるという特徴を持ちます。W3C（World Wide Web Consortium）により標準化が勧告され、現在は様々なドキュメントフォーマットに対して応用されはじめています。

　XMLにはHTMLのように文書の見栄えを表現するタグは一切存在しません。XMLではタグはあくまでも文書構造を示すものであり、データの属性を表現するために用いるものです。そのため、XMLで文書の見せ方を指定する場合には、CSSなどのスタイルシート言語が必須となります。HTMLとXMLの一番大きな違いというのはこの点で、XMLはデータそのものを表現するのに特化した言語だと言えます。

　たとえばXMLで住所一覧を記述するとなると、<住所><氏名><電話番号>といったタグを使用してデータを表現することになるでしょう。タグはすなわち「どのようなデータか」ということを示し、そのデータをどのような形式で表示するかについてはスタイルシートにまかせます。このように、XMLではデータそのものを構造化して表現するため、データの再利用に向いており、複数のXMLを組み合わせて1つの文書とすることも可能なのです。

　このような特徴を見ていると、XMLはHTMLというよりもデータベースにとても良く似ています。最近では、企業ベースのシステム開発において、システム間のデータ連携にXMLを活用する事例も増えています。

関連用語

インターネット（Internet） ……………………… 176
WWW（World Wide Web） ……………… 182
WWWブラウザ ……………… 184
HTML
　（Hyper Text Markup Language） ……… 218
CSS（Cascading Style Sheets） ……… 224

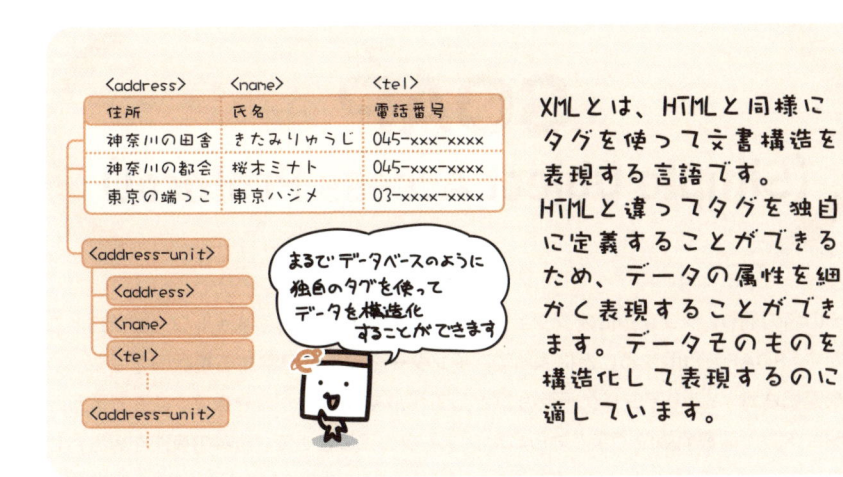

	`<address>`	`<name>`	`<tel>`
	住所	氏名	電話番号
	神奈川の田舎	きたみりゅうじ	045-xxx-xxxx
	神奈川の都会	桜木ミナト	045-xxx-xxxx
	東京の端っこ	東京ハジメ	03-xxxx-xxxx

```
<address-unit>
  <address>
  <name>
  <tel>
<address-unit>
```

まるでデータベースのように独自のタグを使ってデータを構造化することができます

XMLとは、HTMLと同様にタグを使って文書構造を表現する言語です。
HTMLと違ってタグを独自に定義することができるため、データの属性を細かく表現することができます。データそのものを構造化して表現するのに適しています。

XMLはデータそのものを表現するために用いるため、表示方法に関してはCSSなどのスタイルシート言語が必須となります。

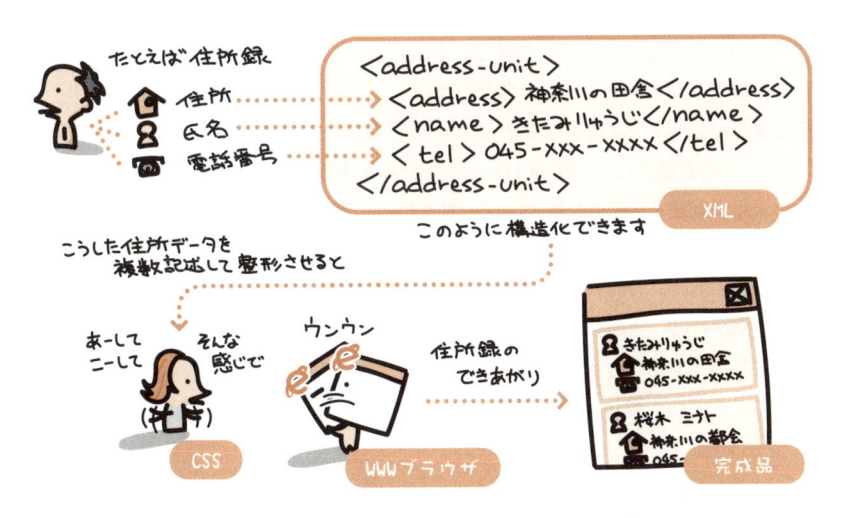

たとえば住所録

- 住所 ………→ `<address-unit>`
- 氏名 ………→ `  <address>` 神奈川の田舎 `</address>`
- 電話番号 …→ `  <name>` きたみりゅうじ `</name>`
-                 `  <tel>` 045-xxx-xxxx `</tel>`
-              `</address-unit>`

このように構造化できます　XML

こうした住所データを複数記述して整形させると

あーしてこーして　そんな感じで　ウンウン

住所録のできあがり

CSS　WWWブラウザ　完成品

その汎用性の高さから、企業ベースのシステム開発においては、システム間のデータ連携にXMLを活用する事例も増えています。

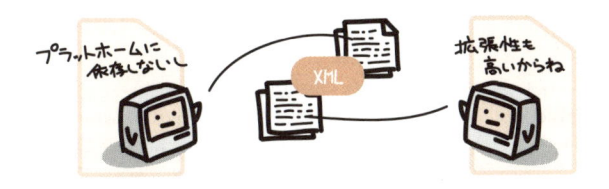

プラットホームに依存しないし　XML　拡張性も高いからね

7 インターネット編

SOAP
(Simple Object Access Protocol)

　その名の通り、シンプルにオブジェクトへアクセスするためのネットワークプロトコルです。SOAPを利用することによって、インターネットに分散する複数のオブジェクトを連携させ、1つのアプリケーションとして構成することができます。ここで言うオブジェクトとは機能単位でまとめられたソフトウェアのことで、複数の機能を組み合わせることによって、新しいサービスを作り出すことができるのです。

　ソフトウェアの連携というと難解な技術となりがちなのですが、SOAP自体は非常に単純な作りです。SOAPでやり取りされるメッセージはXMLのドキュメントであり、その中にSOAP命令が記述されています。要求をXMLで送信し、応答としてその結果が記述されたXMLを受け取ります。要求とはすなわちオブジェクトへのアクセスであり、結果とはそのオブジェクトの持つ値などです。

　このようにSOAPによる通信はXMLベースでのデータ交換であるため、プログラム言語やOSといった環境に依存しません。また、データの表現形式としてXMLを用いているため汎用性が高く、様々な形式のデータを格納することができます。

　SOAPではほとんどの場合下位プロトコルとしてHTTPを用います。HTTPは多くのファイアウォールで、WWWを利用するために通過を許可しているプロトコルです。そのため、HTTPベースで動作するSOAPも、特別な設定をせずともファイアウォール越しにサービスを構築することができるのです。

関連用語

ファイアウォール ……………………… 164	WWWブラウザ ……………………………… 184
インターネット(Internet) ……………… 174	HTTP(HyperText Transfer Protocol) …194
WWW(World Wide Web) ……………… 182	XML(eXtensible Markup Language) …234

SOAPとは、インターネットに分散する複数のオブジェクト、もしくはサービスにアクセスするためのプロトコルです。SOAP命令を記述したXML文書をHTTPで送付することにより、処理結果がXML文書として返されます。

SOAPによってネットワーク上のサービスが連携することで、複数のサービスを自由に組み合わせて、1つのアプリケーションとすることができます。

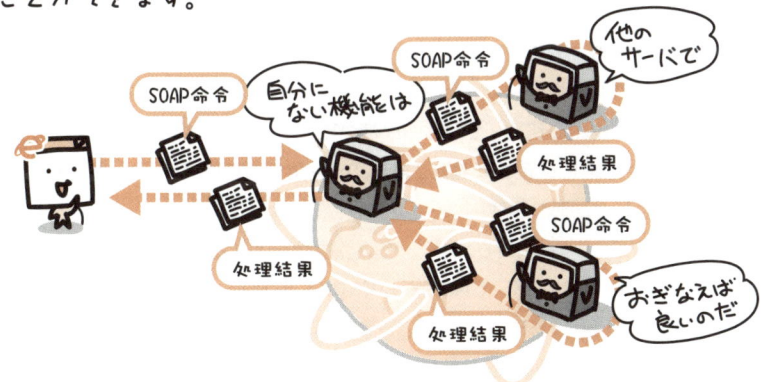

XMLによるデータ交換なため、様々なデータが格納でき、プラットホームにも依存しません。また、HTTPにより通信を行うので、既存の通信インフラをそのまま利用できます。

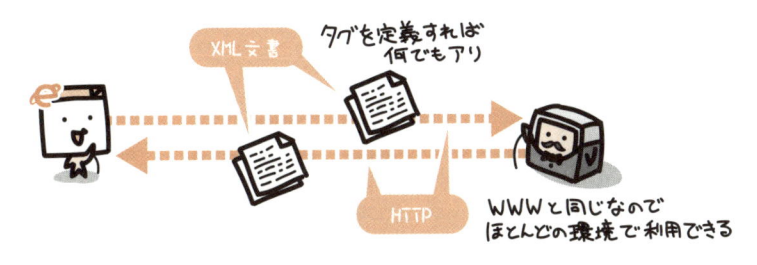

RSS
(RDF Site Summary)

Webサイトの見出しや要約などを、簡単にまとめ配信するためのフォーマットです。主に更新情報を公開するために用いられます。

この用語の中に含まれているRDFという言葉ですが、これはResource Description Frameworkの略で、メタデータを記述する枠組み、つまりは「どんな情報を」「どんな形で記述しますよ」と取り決めたものです。これを利用することによって、WWWを介したアプリケーションソフト同士のデータ交換が可能となっています。

ブログの更新情報を配信するために使われているのが一般的ですが、ニュースサイトやTV番組サイトなどから新着記事や番組情報を配信したり、企業が製品情報を配信したりなどという事例も増えつつあります。

こうしたRSS情報を取得して、その更新情報を参照するには、RSSリーダーと呼ばれるソフトウェアを利用します。その形態は様々で、WWWブラウザに組み込まれているものや、OSのデスクトップ上に常駐するもの、専用のWebサイトに一覧としてリストアップするものなどがあります。

ただしRSSは完全に統一された規格…というわけではなく、名称の異なる複数の規格が混在しています。日本においてはRSS 1.0(RDF Site Summary)が普及していますが、それとは異なる系列としてRSS 2.0(Really Simple Syndication)があります。これらは互いに互換性を持たず、事実上分裂してしまっている状態です。

関連用語

インターネット(Internet) …… 176	ブログ(Blog) …… 248
WWW(World Wide Web) …… 182	WWWブラウザ …… 184

RSSとは、Webサイトの見出しや要約を配信するためのフォーマット。
主に更新情報を公開するために用いられます。

RSSには、次のような情報が含まれています。

RSSリーダーと呼ばれるソフトウェアに、RSS対応のWebサイトを登録すると…

RSSリーダーはそれらのサイトを定期的に巡回して…

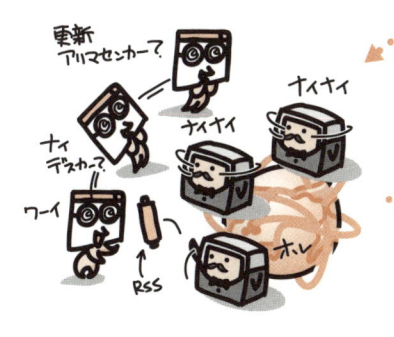

取得したRSSの情報をもとに、更新情報を通知します。

7 インターネット編

DynamicDNS
ダイナミック ディーエヌエス

　DNSの所持しているデータベース情報に変更があった時に、即座に通知したり、変更箇所のみを転送したりといった機能を持つDNSのことです。

　通常のDNSでは、内容に変更があった場合、事前に決めた一定時間が経過しないと下位のサーバに通知されませんでした。そのため、変更が世界的に更新されるのにはおよそ3日程度の時間がかかっていたのです。DynamicDNSでは変更が即座に通知されるため、このように時間がかかるということはありません。

　現在はこのDynamicDNSを用いた、サブドメインの無料発行サービスが注目されています。ADSLなどブロードバンドを用いたインターネット接続は常時接続ですから、専用線接続のような利用法ができることになります。そのため、本来であればサーバを構築してインターネットに公開することができるわけです。しかし、ADSLでは接続の度にIPアドレスが変化してしまうため、どのアドレスにアクセスすれば良いか利用者からはわかりません。これがDynamicDNSを利用することで、IPアドレスの変更は常に反映された状態となり、利用者は固定のドメイン名を使ってアクセスすることができるようになるのです。

　家庭にサーバを置くといっても、実際には常時電源を入れておく必要はあるし、外部からのアクセスによってネットワークが圧迫されるしと、必ずしも良いことばかりとは限りません。しかし、独自のドメイン名を使ってホームページを公開したいなど、そういった要望を安価に実現する手段として利用者は増える傾向にあります。

関連用語

IPアドレス ……………………………… 50	ADSL（Asymmetric Digital Subscriber Line） ……………………………… 102
ドメイン ………………………………… 56	ブロードバンド ………………………… 108
DNS(Domain Name System) ……… 148	インターネット(Internet) …………… 176
専用線 …………………………………… 94	

DynamicDNSとは、自身の所持しているデータベースに変更があると、即座に通知や変更部分の転送を行う機能を持ったDNSのことです。

DynamicDNSでは、通常のDNSとは異なり変更が即座に通知されるため、変更内容が世界的に反映されるまで時間を要しません。

通常のDNS
変更が反映されるのに3日程度必要

DynamicDNS
変更が即座に反映される

この機能を利用したサブドメインの発行サービスを利用すると、ADSLのようにIPアドレスが変化する環境でも、固定のドメイン名を使って外部からアクセスさせることができるようになります。

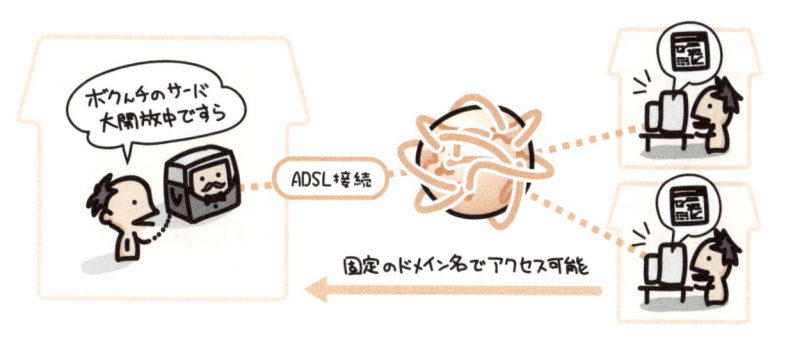

❼ インターネット編

（コンピュータウイルス）

　他者のコンピュータに入り込んで、なんらかの被害をもたらす不正なプログラムのことです。

　通産省の定義によると、「自らの機能、もしくはシステムの機能を利用して、自らを他のシステムにコピーして伝染する機能（自己伝染機能）」「発病するための条件を記憶して、それまで症状を出さない機能（潜伏機能）」「プログラムやファイルの破壊など、意図しない動作をする機能（発病機能）」という3つのうち、1つ以上を有するものとあります。自己を増殖させながら感染を広げていく様が実際のウイルスに酷似していることから、こうした呼ばれ方をするようになりました。近年多く見られるようになったスパムメール（迷惑メール）の中には、こうした感染を目的にしたものも少なくないので注意が必要です。

　感染は基本的に「インターネットからダウンロードしたファイル」や「電子メールの添付ファイル」、「他人から借りたフロッピーディスクなどのリムーバブルメディア」を介して行われます。こうしたケースでは、そのファイルを開くか実行するかしない限り、感染することはありません。しかし、「ワーム」と呼ばれる種類のウイルスは、そうした媒体を介すことなくコンピュータに侵入し、感染を広げます。これは、システムに生じた「セキュリティホール」という安全上の穴をついたもので、インターネットなどのネットワーク越しに、無防備なコンピュータを探し出して感染活動を行います。

　さらに、「トロイの木馬」と呼ばれるものもあります。一見便利なソフトウェアを装いながら、その実は裏でパスワード情報を抜き出したりなど、システムに不正な動作をさせるものがこれに該当します。ただ、最近では「システムの破壊を伴わず情報を盗むのみ」を目的としたものは、「スパイウェア」と呼んでウイルスとは区別するのが一般的です。

　こうしたウイルスの駆除・防止に努めるソフトウェアは、「アンチウイルス」もしくは「ワクチン」などと呼ばれます。

関連用語

ファイアウォール	164	WWW（World Wide Web）	182
パケットフィルタリング	168	電子メール（e-mail）	188
インターネット（Internet）	176		

コンピュータウイルスは、他者のコンピュータに入り込んで、不正な処理を行います。

たとえばHDDの中身を全部消しちゃって、一切動作できなくしたり。

たとえば裏でこっそりと、クレジットカード情報なんかを盗み出したり。

侵入は、ネットワーク経由かメールの添付ファイル経由によるものが一般的で…

予防には、こまめなOSのアップデートと、アンチウイルスソフトの利用が効果的です。

ポータルサイト

　インターネットの入り口的な役割を担うWebサイトを指す言葉で、単にポータル、もしくはWebポータルなどとも言われます。

　ポータルとは、「表玄関や入り口」という意味の言葉で、「そうした意味を持つWebサイト」ということからポータルサイトという言葉が生まれました。具体的には、WWWブラウザを起ちあげた時に多くの人が最初に開くであろうWebサイト、これをポータルサイトと呼びます。

　代表的なものにはYahoo!（http://www.yahoo.co.jp/）やGoogle（http://www.google.co.jp）といった検索サイトや、各種ニュースサイト、Microsoft社のようなWWWブラウザ開発元が提供するWebサイトなどがあります。いずれも、「ユーザがインターネットに求めるであろう機能」を前面に打ち出すことで、利用者の獲得に努めています。基本的には無料で提供されるサービスであり、ポータルサイト自体の運営費は広告などで賄われます。

　ポータルサイトであると認知されるまでになれば、そこには多くの利用者がのぞめます。広告媒体としての価値も生まれることになり、新しいサービスの発信元としても大きな力を持つようになります。

　そのような関係で、この分野では様々な事業者が己の強みを生かしながら、激しい競争を繰り広げています。

関連用語

インターネット（Internet） ……………… 176	検索サイト ……………… 246
WWW（World Wide Web） ……………… 182	WWWブラウザ ……………… 184

WWWブラウザを起ちあげた時に、多くの人が最初に開くであろうWebサイト。
これをポータルサイトと呼びます。

ポータルとは、表玄関や入り口という意味。

そんでもって最初に開くWebサイトというのは、その人にとって「インターネットへの入り口」なのと同じこと…。

だからそうしたWebサイトを、「ポータルサイト」と呼ぶのです。

一番多いのはやっぱりニュースやメール情報なんかの総合情報サービス系。

ポータルサイトは多くの利用者を抱えているので、広告媒体としての価値も高いのが普通です。

7 インターネット編

検索サイト

　インターネット上に公開されている情報を、キーワードなどを使って検索できるWebサイトのことを指します。他にサーチエンジン、検索エンジンといった呼び方があります。

　検索サイトは大きく分けて二種類のものがあり、あらかじめWebサイトをカテゴライズ化して、その中から検索・抽出を行う「ディレクトリ型」と、あらかじめ公開されているWebサイト情報を収集しておき、その中をキーワードで検索する「全文検索型」とに分類されます。

　ディレクトリ型はキーワードに依らずとも、大分類から小分類へと自分の興味に沿ったカテゴリを選択していくことで、希望に叶うWebサイト情報が得られるところにメリットがあります。しかし、その「あらかじめカテゴライズ化する」という部分を満たすためには、人の手を介したWebサイトの登録作業が必要となり、網羅できる情報量に限りが出てしまいます。一方、全文検索型はロボットと呼ばれる自動巡回型のプログラムを使ってWebサイト情報を収集します。そのため、広く網羅された情報からキーワード検索を行うことができますが、反面「多くの情報がヒットしすぎて、検索結果から必要な情報だけを拾うのに手間がかかる」という弊害を生んでいます。

　こうした検索サイトは、日本国内ではYahoo!（http://www.yahoo.co.jp/）やGoogle（http://www.google.co.jp）といったあたりが代表的です。かつてはディレクトリ型検索サイトであるYahoo!が検索サイトの定番となっていましたが、検索結果に重み付けを行うことで全文検索型の弱点を払拭したGoogleが登場して以降、検索サイトの主流はそちら側へと移行しつつあります。

関連用語

インターネット（Internet） ……………………176　　WWWブラウザ ……………………184
WWW（World Wide Web） ……………………182

インターネット上に散在している情報を、キーワードなどにより検索できる Web サイト。これを検索サイトと呼びます。

検索サイトは、大別すると 2 種類にわけることができます。

ディレクトリ型

ディレクトリ型は、人の手によって Web サイトを発見・収集して…

ジャンルごとにカテゴライズして検索に備えます。

カテゴライズされた情報から、希望に叶う Web サイトを見つけ出すことができますが、登録に人の手を介するため、網羅できる情報量に限りがあります。

全文検索型

全文検索型は、ロボットと呼ばれるプログラムがとにかく情報を掻き集め…

それらをデータベースとして片っぱしから保管することで、検索に備えます。

自動巡回型のプログラムが掻き集めた広い情報の中からキーワード検索を行えますが、その結果から必要な情報だけを拾うのに手間を要します。

7 インターネット編

ブログ
(Blog)

　日記的なWEBサイトの総称で、他にウェブログ(Weblog)とも呼ばれます。

　もともとは「Web」と「log(ログ:記録されたデータのこと)」をくっつけた造語がWeblogであり、それを略したBlogという言葉が定着して現在に至ります。ここでいう「log(ログ)」が、日記として蓄積されていくデータそのものを示し、つまりは「Web上でつけられた日記が日々蓄積されていくもの」という意味になるわけです。

　この言葉の登場以前から、日本では個人によるWeb日記サイトが盛況でした。Web上で蓄積されていく日記サイトという意味では、こうしたWeb日記サイトも広義の意味で、ブログのひとつである…ということになります。

　一方で、「ブログというのはブログ作成ツールにより自動更新される仕組みを備えたWebサイトのことを指す」というとらえ方もあります。

　この代表的なものが「Movable Type」というツールを使ったものであり、現在多く見られる「ブログ開設サービス」などは、これによるものがほとんどです。こうしたツールによって設置されたブログは、各記事に対して読者がコメントをつけることができたり、関連した話題を取り扱う他のブログ上に逆リンクを残す(トラックバック)ことができたりと多彩な機能を誇ります。そうした機能によりブログ同士が密接に絡み合い、独特のコミュニティを形成しつつありますが、それが「ブログだ」とする考え方です。

　このような背景から、現在では日記などの内容面から見た考え方と、コメントやトラックバックなどの機能的な面から見た考え方との、双方を網羅する形でこの言葉は使われます。そのため、「ブログ」という言葉には、かなり広い意味が含まれることになります。

関連用語

インターネット(Internet) ……………… 176
WWW(World Wide Web) …………… 182
HTML (Hyper Text Markup Language) ……… 218

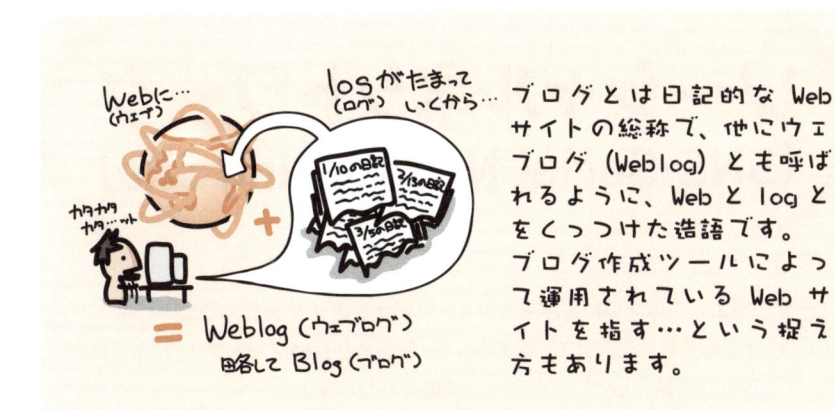

ブログとは日記的な Web サイトの総称で、他にウェブログ (Weblog) とも呼ばれるように、Web と log とをくっつけた造語です。ブログ作成ツールによって運用されている Web サイトを指す…という捉え方もあります。

ISP などが提供する「ブログ開設サービス」は、Movable Type などのブログ作成ツールを使ったものがほとんどです。

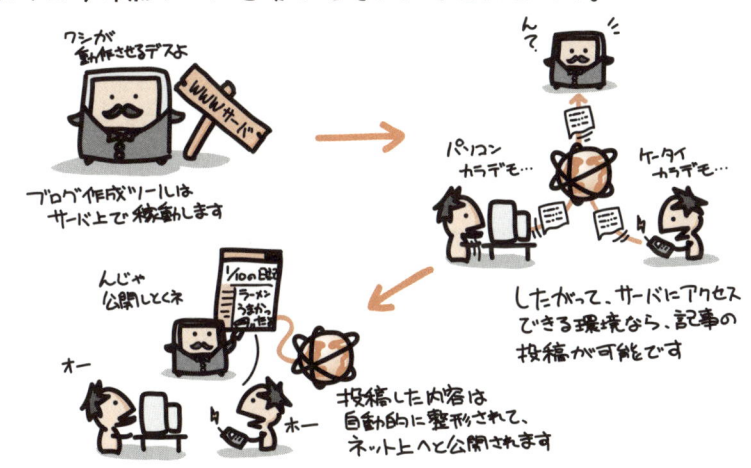

記事へのコメントやトラックバックを受け付けたりする機能を持つ点も、こうしたツールの利点です。

- コメント … 記事に対して、感想などを書き添えることができます。
- トラックバック … 関連した記事同士が、有機的なつながりを持ちます。

⑦ インターネット編

ソーシャルネットワーク
(SNS:Social Networking Site)

　ユーザー同士のつながりに主眼を置いた、コミュニティサービスの総称です。ソーシャルとは「社交的」「社会的」という意味を持ち、参加者が互いに友人を紹介しあうなどして、ネットワークを拡大していくところに特徴があります。

　インターネットでは匿名性が重用視されますが、このソーシャルネットワーク内では逆に非匿名性が重要視されます。そうすることで、現実社会のつながりをそのまま持ち込んで、「友達の友達はみな友達だ」と交流を広める一助としているのです。参加には既存会員からの招待を必要とするものが多く、これがいわば認証の役割を果たします。

　ソーシャルネットワーク内には、ブログ的な機能を内包することが普通で、プロフィールや写真を公開したり、日記をつけたりということが可能になっています。こうした日記はコミュニケーションツールのひとつとして提供されており、利用者はその中でコメントを送りあったりして交流を深めます。

　このようなソーシャルネットーワークとしては、国内だとmixi(http://mixi.jp/)やGREE(http://gree.jp/)といったサービスが有名です。そのどちらも参加には既存会員からの招待が必要とされています。

関連用語

インターネット(Internet) ……………… 176	ブログ(Blog) ……………… 248
WWW(World Wide Web) ……………… 182	

> ソーシャルネットワークとは、コミュニティサービスの一種。社交的なネットワークという意味を持ち、利用者同士のつながりに重きをおいているのが特徴です。

ソーシャルネットワーク上では、非匿名性が重要視されます。

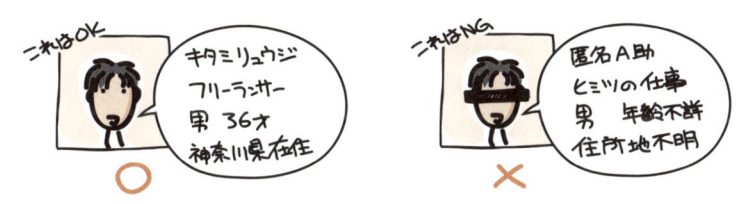

そうした利用者同士が、互いに交流を深めることで…

実際の人物相関図みたいなものが自動的にできちゃうところが、このネットワークのおもしろいところです。

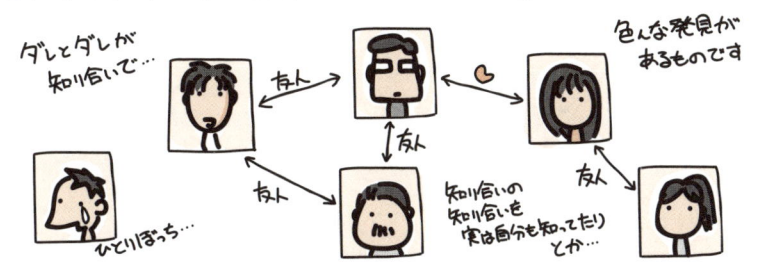

column

「個人による情報発信は意味がない？」

　インターネットという言葉がちらほら聞かれ始めた頃というと、自分はちょうど就職活動にいそしんでいた頃でした。こりゃあすごいもんが出たと、これからはコンピュータ業界だなどと思いながら、まったくパソコンの知識もないくせしてソフトウェア開発の会社をあたっていたりしたのです。

　同じように就職活動やってる友人と部屋で酒を飲んでいた時、自然と話題がそういった方面へ向かいました。その友人からすればそんなインターネットなんてもん流行るわけないだろうと、そう見えたらしいのです。昔あったキャプテンシステムなんかと同じじゃないのかと。確かに売り文句が似てるんですよね、あらゆる情報が引き出せる情報革命だみたいな奴。

　けれども絶対的に違うものってのが一個あって、それが「個人でも情報発信が可能になる」というものだったのです。

「個人が情報発信して何するんだよ」

　それが、その友人の結論でした。

　まぁ、実際のところみんながみんなして発信するとも思わないですけど、自分にとってはそれがとても魅力的であったのです。そして、同じように思う人はきっと多いに違いないと思い、だからこそこれは確実に流行ると思ったわけです。

　確かに今になっても、前述の友人と同じ言葉を言われることは珍しくありません。

　けれども、へたっぴな4コマまんがをインターネットで公開したことから、書籍の挿し絵が依頼され、自分自身でも書籍を書くようになった。これは自分の例ですが、十分にそれって意義のあることじゃないかなと思うのです。

8章

ケータイ編

8 ケータイ編

携帯電話
(Cellular Phone)
セルラーフォン

　携帯電話とは携帯して持ち歩くことのできる電話機のことです。各地に設置したアンテナ基地局と電話機とが無線通信を行うことで、移動しながらの電話サービスを実現しています。

　携帯電話の特徴は、その英語名称である「Cellular Phone(セルラーフォン)」という言葉に象徴されています。

　セルとは「細胞」や「ハチの巣穴」という意味を持ちます。携帯電話の通信は、有線ネットワークに接続された基地局と通信することで行われますが、基地局の電波が届く範囲には限界があります。この「単一基地局で電波の届く範囲」をひとつの「セル」と見なし、セルを多数組み合わせることで、広範囲のサービスエリアを実現する。これをセルラーシステムと言います。つまり、このようなセルラーシステムを用いて通話する電話なので「セルラーフォン」という名前になるわけです。小さなエリアが集まって広いエリアを形成する図は、まさしく「ハチの巣穴」が集まって形成されるハチの巣を想像するとわかり良いでしょう。

　携帯電話の歴史は、現在までのところ約3世代に分けることができます。

　第1世代の携帯電話(1G)はアナログ方式で、ノイズがのりやすいこと、電波の盗聴が容易であることなどの問題がありました。第2世代(2G)では通信のデジタル化や、電話機の小型・軽量化が進みました。

　第3世代(3G)は現在日本国内で行われている携帯電話サービスです。新しいデジタル通信方式を採用することで、高品質の通話サービスとより高速なデータ通信を実現しています。ただ、音声の伝送には「一度デジタル信号に変換した上で圧縮して送信する」という方法を採っているのですが、その圧縮形式には各社で微妙な違いがあります。そのため、異なる事業者間の通話では音声の圧縮・変換が繰り返されることになり、通話品質の劣化を招いています。

関連用語

マクロセル方式 ……………………… 260	ハンドオーバー ……………………… 266
ローミング …………………………… 264	パケット通信 ………………………… 268

「携帯して持ち歩くことのできる電話機」だから携帯電話。
各地にあるアンテナ基地局と無線通信を行うことで、移動しながらの電話サービスを実現しています。

「携帯電話」とは、英語でいうと「Cellular Phone（セルラーフォン）」。

「セル」というのは、細胞とかハチの巣穴という意味で、それが転じて「いっこのアンテナ基地局でカバーできる電波の範囲」という意味を持ちます。

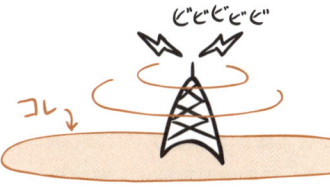

なんでかというと、電波の届く範囲を複数密集させて全体を網羅する様が、ハチの巣穴とか細胞とかに似てるから。

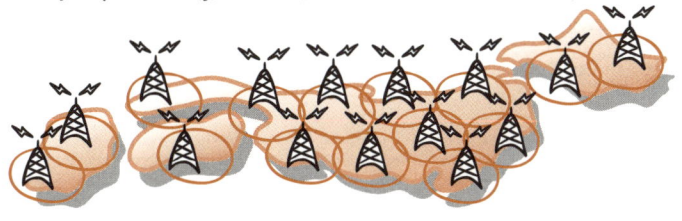

こうしたセルを渡り歩きながら通信することで、移動しながらの電話サービスが実現できているのです。

PHS
(Personal Handyphone System)

　PHSとはPersonal Handyphone Systemの略。当初は「第2世代デジタルコードレス電話」「簡易型携帯電話」とも言われ、「自宅にあるコードレス電話の子機を、そのまま外に持ち出して使えるようにできないか」が発想の原点でした。

　法令上は携帯電話とはっきり区別されていますが、「携帯して持ち歩くことのできる電話機」という意味では類似点が多く、そのため携帯電話の一種という見方が主流です。

　PHSの特徴は、基地局を簡素化して各種コストを抑えたところにあります。基地局は屋内でも設置可能な小型の簡易基地局を利用します。この基地局が出す電波は非常に弱いもので済むため、携帯電話基地局のように大がかりな設備を必要としません。電話機自体の電波出力も小さく、そのため機器の小型化が容易で、安価に製造することが可能です。

　一方、電波が微弱であるがためにひとつの基地局でカバーできる範囲は狭く、数10km単位で基地局を設置すればよい携帯電話と違って、100m〜500m程度の間隔で密に基地局を設置する必要がありました。しかし、サービスイン当初はその密度が足りておらず、また移動中に基地局と基地局とを切り替えるハンドオーバー処理も不得手であったがために、「PHS＝つながらない、切れやすい」という悪評を生むことになりました。

　現在ではそうした欠点はほぼ解消されていますが、通信事業者の撤退も進み、特に音声通話サービスではウィルコム社が事業を継続するのみとなっています。

関連用語

携帯電話	254	ハンドオーバー	266
マイクロセル方式	258		

PHSは「Personal Handyphone System」の略で、簡易型携帯電話とも言われます。
自宅のコードレス電話子機を、そのまま外に持ち出して使えないか…が発想の原点でした。

ひょい　オウチにアル　コードレス電話の子機

コノママ持っていけたらいつも同じ電話機使えて便利じゃね？

PHSの利点は、設備を簡素化して各種コストが抑えられることにあります。

ケータイ電話　ビビビビビ　バカでっかいアンテナ　強い電波

…という設備はPHSの場合必要としません

PHS　小さいアンテナ　弱い電波　ア、アソコにアンテナが

でも電波が弱い分、初期のものは移動中に切れやすくて…

ブチ　……　マタ切レタ…

「PHS＝切れやすい・つながらない」との評価になっちゃったのでした。

⑧ ケータイ編

マイクロセル方式

　セルとは、単一の基地局でカバーできる範囲のこと。マイクロセル方式とは、狭いカバー範囲を多数配置することで、エリア全体をカバーする方式を指します。

　移動体通信の世界では、PHSがこの方式を採用しています。

　PHSの基地局は小出力であるため、ひとつひとつの基地局では狭い範囲しかカバーすることができません。したがって広いエリアをカバーするには、基地局の数を増やす必要が出てきます。基地局の設置コスト自体は安価ですが、エリア内に穴ができないよう配置するにはそれなりに数が嵩みます。そのためエリアの拡大には、多くの時間とコストとを要するのが普通です。

　しかし、ともすれば非効率ともとれるマイクロセル方式ですが、多数の基地局を用いてエリアをカバーする方式という特性が、ひとつの基地局にぶら下がる利用者の数を少なく抑えることができるというメリットも生んでいます。

　通常、ひとつの基地局に多くの利用者が殺到すると、その基地局がカバーする範囲は処理が間に合わず、「電話がつながりにくくなった」「通信速度が急激に低下した」などの障害を生む要因となります。しかしPHSのようなマイクロセル方式では多数の基地局が設置されているため、エリア内で負荷が分散され易く、このような問題が生じ難いのです。

　こうした特性に目を付け、本来はマクロセル方式を用いる携帯電話サービスの分野でも、人口密度の高い都市部などでマイクロセル方式を導入する事業者が出てきています。

関連用語

携帯電話 …………………… 254	マクロセル方式 …………………… 260
PHS …………………… 256	輻輳 …………………… 270

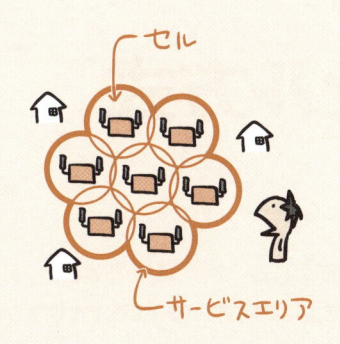

単一のアンテナ基地局でカバーできる範囲は狭いながらも、それを多数配置することでエリア全体をカバーする方式。これをマイクロセル方式といいます。
主にPHSが採用しています。

←セル
←サービスエリア

セルとは単一のアンテナ基地局でカバーできる電波の範囲のこと。
↙コレ

マイクロセル方式では、アンテナ基地局に、狭い範囲をカバーする小出力のものを使います。

多数の基地局を使ってエリア全体をカバーするため…

個々の基地局にかかる負荷は分散されます。

モシモーシ
モシモーシ

❽ ケータイ編

マクロセル方式

　セルとは、単一の基地局でカバーできる範囲のこと。マクロセル方式とは、大出力の基地局を用いることにより、ひとつの基地局で広い範囲をカバーする方式を指します。

　移動体通信の世界では、携帯電話がこの方式を採用しています。

　この方式ではひとつの基地局で数kmもの範囲をカバーするため、「エリアの拡大が容易」「高速移動中の通話に強い」という特徴があります。しかし、建物等に遮られて電波の届かない範囲ができてしまったり、単一基地局で収容しなければいけない人数が多くなりすぎるなどの問題もあります。特に人口密度の高い都市部では収容人数の問題が深刻で、時には1利用者あたりの通信速度を下げるなどして、回線のパンクを避けなければいけません。通信速度が下がると、音声をより圧縮して送らなければならず、通話品質は自ずと劣化します。

　上記の問題を解消するために、都市部ではマイクロセル方式を併用するという事業者も出てきています。その一方で、マイクロセル方式を採用するPHS事業者が、「より広範囲のエリアをカバーするため」として、一部地域でマクロセル方式を併用するという動きもあり、単純にサービスで区分けできるものでもなくなりつつあります。

　マクロセル方式では、基地局からだけでなく携帯電話機自体からも強い電波を発します。そのため、発生する電磁波によって機器が誤作動を起こすとされ、病院や飛行機の中などでは、その利用を制限されるのが珍しくありません。

関連用語

携帯電話	254	マイクロセル方式	258
PHS	256	輻輳	270

大出力のアンテナ基地局を用いて、単一の基地局で広い範囲をカバーしてしまう方式をマクロセル方式といいます。
主に携帯電話が採用しています。

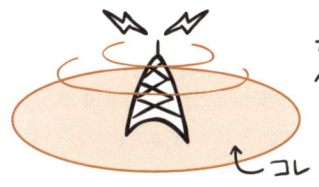

セルとは単一のアンテナ基地局でカバーできる電波の範囲のこと。
←コレ

マクロセル方式では、アンテナ基地局に、広い範囲をカバーする大出力のものを使います。

ビビビビビ

エリアの拡大が容易である反面…

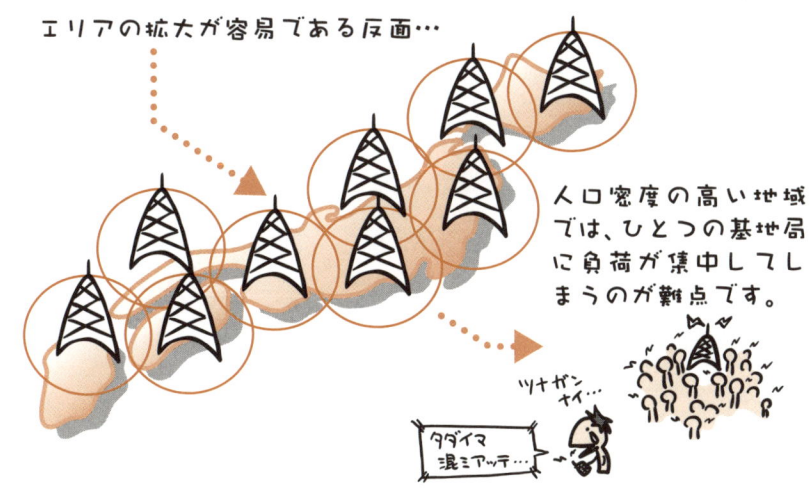

人口密度の高い地域では、ひとつの基地局に負荷が集中してしまうのが難点です。

ツナガンナイ…
タダイマ混ミアッテ…

⑧ ケータイ編

フェムトセル

　フェムトセルとは、半径数10m程度しかカバーしない、ごくごく小さな基地局のことです。その大きさは無線LANのアクセスポイントやモデム等と大差なく、主にオフィスや利用者宅内での設置が想定されています。

　フェムトとは、マイクロやナノ、ピコよりも小さい「1,000兆分の1」という意味の接頭語です。これに「ひとつの基地局がカバーする範囲」であるセルという言葉を組み合わせ、前述の「ごくごく小さな基地局」という意味を表します。

　通常、携帯電話基地局はマクロセル方式によって広い範囲をカバーしますが、この方式では「1基地局あたりの利用者が多くなる」「建物で遮断されて電波の届かない範囲が出てきてしまう」などの問題があります。利用者数の問題についてはマイクロセル方式を併用することで解決を図れますが、建物内部にまで電波を届けるという用途にはまだ足りません。

　フェムトセルは、こうした「サービスエリア内に生じた穴」を埋める用途として期待されています。基地局は、キャリア主導で設置されるほか、利用者が任意で設置する形も想定されており、その場合は基地局を宅内のインターネット回線につないで利用します。

　2009年3月現在、日本国内では既にNTTドコモ社やソフトバンク社が取り組みを表明済みで、総務省においても電波利用に関する法的整備を検討中です。

関連用語

無線LAN	76	マイクロセル方式	258
モデム	130	携帯電話	254
マクロセル方式	260		

フェムトセルとは、半径数10メートル程度の範囲しかカバーしない、ごくごく小さなアンテナ基地局のこと。
サービスエリア内にぽっかり空いた、電波空白地帯を埋める手段として期待されています。

「フェムト」とは、「とにかくとっても小っこいぞ」の意味。

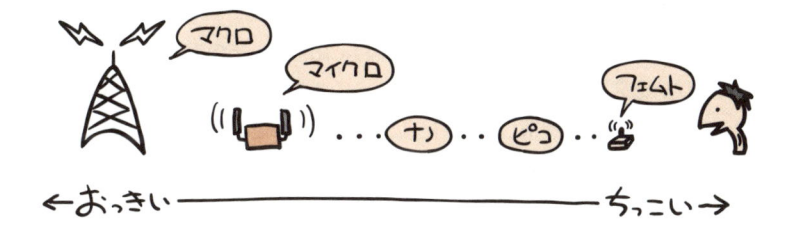

←おっきい ——————————— ちっこい→

マクロセルやマイクロセルなどの方式では、どうしても建物の影や屋内、地下などに「電波が遮断されて届かない箇所」が残ってしまいます。

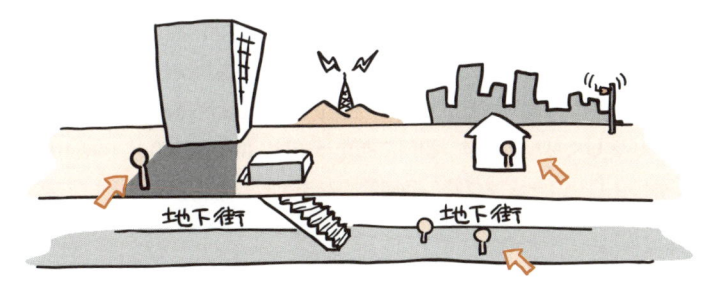

フェムトセルは、そうした電波の空白地帯に利用者自らが設置して、問題解消を図ることの出来る手段なのです。

⑧ ケータイ編

（ ローミング ）

　ローミングとは、複数の携帯電話会社をまたいでサービスを利用できるようにすることです。

　たとえば国内の携帯電話会社と契約し、その電話機を持って国外に出かけたとします。国内の携帯電話会社が国外にまで基地局を張り巡らせることはできませんので、本当ならばその電話機は国外では使えません。

　ローミングとは、このような「サービス地域外」に出た際、その現地にある通信設備を使って、音声サービス等を同じく受けられるようにするものです。携帯電話やPHSなどのサービス事業者が互いに提携し、サービス地域外においても他事業者の基地局を使わせてもらうようにすることで実現しています。

　ここでは国外でのことを例に挙げましたが、ローミングは特に国外での提携に限るものではありません。国内においても、2008年から音声サービスを開始したイー・モバイル社がNTTドコモ社とローミング契約を結んでおり、自社の音声ネットワーク網が敷設し終わるまでは、NTTドコモ社のFOMA用ネットワークと併用する形でサービスを提供しています。

　しかし、こうした一見便利なローミングサービスですが、利用料という面では注意も必要です。他社の設備を用いる関係から、ローミングによる通話やパケット通信には、多くの場合割引や定額制サービスは適用されず、思いがけず高額な利用料が請求されてしまう事例が珍しくないのです。利用にあたっては、携帯電話会社のWebサイトやパンフレット等により、ローミング時の各種制限をチェックしておくことが肝要です。

関連用語

携帯電話	254	パケット通信	268
PHS	256		

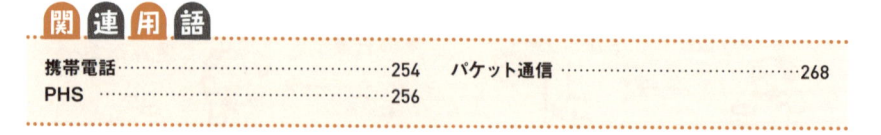

ローミングとは、複数の電話会社をまたいでサービスが受けられるようにすること。
このサービスによって、日本でも海外でも、同じ携帯電話がそのまま使えたりします。

普通だと、携帯電話は契約してる事業者のサービスエリアでしか使うことができません。

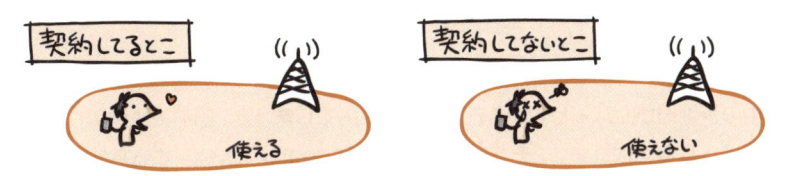

でも事業者が互いに提携することで…

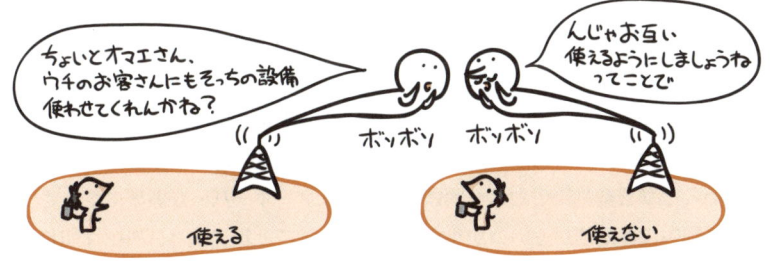

本来はサービスエリアなはずの地域でも、通話ができるようにしたりする…

これがローミングサービスです。

⑧ ケータイ編

ハンドオーバー

　ハンドオーバーとは、携帯電話やPHSなどの電話機本体が、通話やパケット通信を移動しながら利用している際に、接続する基地局を切り替えることです。

　携帯電話などの移動体通信サービスは、基地局をひとつの「セル」と見なし、そのセルを複数配置することでサービスエリアをカバーするのが特徴です。このセルとセルには当然境目が存在しますので、移動しながら通話をしていると、この境目をまたぐケースというのも出てきます。

　通話やパケット通信等のサービスは、基地局と接続することで行われます。ですから、接続中の基地局がカバーしている範囲より外に出てしまうと、当然接続は切れてサービスが受けられなくなります。そうなる前に、移動先のエリアを担当する基地局に接続を切り替えて、サービスが継続して受けられるようにしなければなりません。

　この切り替え処理が「ハンドオーバー」です。エリアの境目であるとか、他の理由などで基地局からの電波が弱くなった時に、その時点でより強い電波を発している基地局へと接続先を切り替えます。

　過去のPHSにおいては、このハンドオーバー処理はかなり苦手な分野でした。処理自体に時間がかかることに加え、その間は通話が遮断されしまうこと。マイクロセル方式であることから基地局のカバー範囲が狭く、ハンドオーバーが頻繁に生じていたこと。高速移動中には処理が追いつかず切断されていたこと等により、「PHSは切れやすい」という悪評を買う一因となりました。

　現在はPHSでも処理が改善されており、携帯電話も含めて多くの場合は一瞬で処理が終わるため、利用者がハンドオーバーを意識することはまずありません。

関連用語

携帯電話 ……………………… 254	マクロセル方式 ………………… 260
PHS …………………………… 256	パケット通信 …………………… 268
マイクロセル方式 ……………… 258	

ハンドオーバーとは、携帯電話やPHSが、通話中に接続するアンテナ基地局を切り替えること。
移動しながらの電話サービスを実現するためには欠かせない技術です。

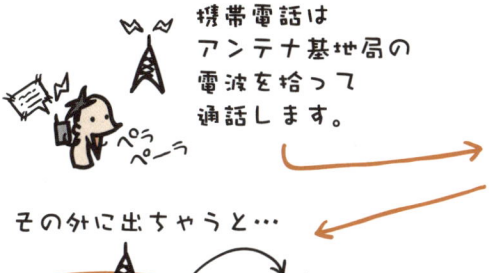

こっちとつながってたのが…　移動したことで　こっちとつながるようになった

携帯電話はアンテナ基地局の電波を拾って通話します。

でも、電波の届く範囲は決まってるので、

その外に出ちゃうと…

つながんないよ

…となる。

なので、アンテナ基地局の電波は互いに重なるよう配置されてます。

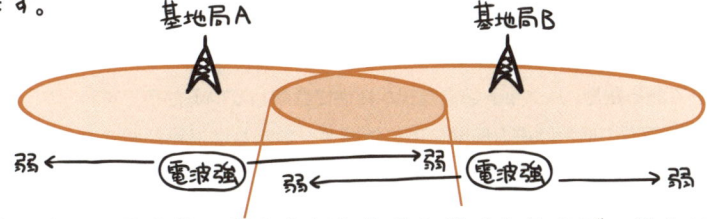

基地局A　基地局B

弱 ← 電波強 → 弱 ← 弱 → 電波強 → 弱

電波はアンテナ基地局から離れるほど弱くなるので、重なり合った部分で電波の強い方に切り替えるようにして、通話が途切れないようにしているのです。

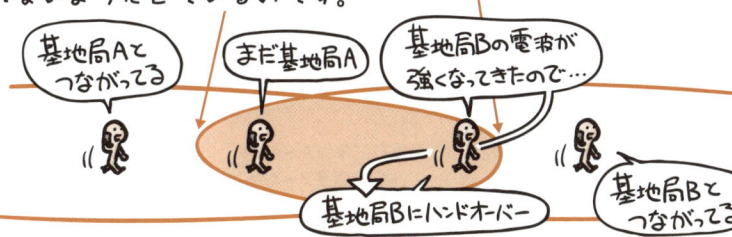

基地局Aでつながってる　まだ基地局A　基地局Bの電波が強くなってきたので…　基地局Bにハンドオーバー　基地局Bでつながってる

⓼ ケータイ編

パケット通信

　デジタルデータを小さなパケット(小包)に分割し、それをひとつずつ送受信することで通信を行うやり方をパケット通信と呼びます。

　携帯電話で音声による通話を行う場合、通話相手と自分との間をつなぐ通信回線は、その通話の間中占有する形になるのが普通です。したがって、その地域の通信回線がすべてふさがってしまっている場合、他の人は空きが出るまで待たなくてはなりません。もちろん通話中の回線に電話がかかってきても、その回線はふさがっていますので話し中となり、電話を取ることはできません。これは、通話サービスが「回線交換通信」という方式でつながっているからです。

　一方パケット通信方式の場合は、回線を占有するということがありません。

　パケットという形に細切れになった通信データは、回線の空き具合を見ながら相手方へと送られます。回線を共有する人たちが皆そうやって「細切れ化されたデータ」を少しずつ交代で流すようにすることで、ひとつの回線を複数の人が共有して使えるようにしているのです。

　パケット通信を行うサービスは、メールのやり取りやインターネットの閲覧、ネットを用いた携帯アプリ等が主要なところです。これらはいずれもデジタルデータを送受信するものであるため、パケット通信方式が特性に合致しているからです。

　回線交換通信の場合は占有時間に応じた課金…つまりは通話時間によって課金がなされますが、パケット通信の場合は「通話時間」という概念がありません。したがってこの場合は「送受信したデータ量」に応じて課金されるのが通例です。

関連用語

パケット	46	インターネット	176
携帯電話	254	電子メール(e-mail)	188
PHS	256		

パケット通信とは、デジタルデータを小さなパケット（小包）に分割し、それをひとつずつ送受信することで通信を行うやり方のことです。メールや、インターネットの閲覧などに使われています。

電話というのは、通話中は回線を占有するのが一般的でした。

回線に空きがない場合、他の人は待ってなきゃいけない

なので、音声通話は占有時間に対して課金され、通話料がとられます。

30分話してたので600円払ってね

一方、パケット通信はデータを細切れにして…

たとえば写真付きのメールデータを…

128バイト単位とかに小分けする

これがパケット

フーン
←こっちは擬人化したパケット

それをみんなでちょこっとずつ回線に流します。

おりゃ　とりゃ　うりゃ

みんなで回線を共有できるので「通話中」みたいな占有の概念がなく、送受信したパケットの数に対して課金されます。

パケ死!?

50万パケット流したから10万円ね

⑧ ケータイ編

輻輳
ふくそう

　「輻輳」とは、物が1カ所に集まって混み合うという意味の言葉です。通信の世界では、「回線が混み合う」という意味でこの言葉を用います。たとえばチケット予約で電話が殺到した結果、「ただいま回線が混み合っております、しばらく経ってからおかけ直しください」などのアナウンスが流れることがありますが、これはその回線が輻輳のためにつながりにくくなってしまっているからです。

　こうした現象は特に災害時の安否確認や、年末年始の「おめでとうコール」などで顕著です。いったんつながりにくくなると、リダイヤルを繰り返す利用者が多いため、それがさらなる輻輳の悪化を招く悪循環へとつながります。

　このような輻輳現象は音声通話に限るものではなく、パケット通信のように「複数人で回線を共有して利用できる」という特性を持つデータ通信においても、同様に発生します。

　パケット通信における輻輳現象は、ネットワークに流入するデータ量が通信回線の許容範囲を超えることで発生します。

　回線に送られてきたパケットは、順にネットワークの中継機能を持つルータへと運ばれます。そして、自分の順番が来るまで「転送待ち」という状態で待つことになります。しかし、その数があまりに多いと、いつまで待っても転送の順番が回ってきません。

　その結果、パケットの遅延もしくは欠損が生じて、メールなどのデジタルデータが送受信できなくなってしまうのです。

　最近ではパケット通信の利用が増加の一途を辿ることから、一部の携帯会社では都市部においてこうしたパケット通信の輻輳が頻出し、「つながらない」「メールが取得できない」など深刻な状況にあるとも言われています。

関連用語

パケット	46	パケット通信	268
ルータ	124	電子メール(e-mail)	188

輻輳とは、回線が混み合っている状態のこと。
基地局が処理できる人数を超えてしまった時や、処理能力以上のパケットが流れ込んできた時などに発生し、「つながらない」「メールが届かない」などの問題を引き起こします。

携帯電話は、最寄りの基地局とつながることで、通信を行います。

しかし、ひとつの基地局に接続できる台数には限りがあります。

したがって、あんまり多くの人が一度に電話しようとすると…

…なんて具合に、つながらない人が出てきてしまいます。

これが「輻輳」

大地震などの災害時は、こうした輻輳による通信障害を避けるため、110番や119番などの緊急電話以外は、負荷に応じて通話規制を行います。

❽ ケータイ編

SIMカード
(シム)

　SIMカードとは、携帯電話機本体に差し込んで使うICカードのこと。契約と同時に携帯電話会社が発行するクレジットカードサイズ大のもので、そのICチップ部分だけを切り離して使用します。SIMカードの内部には固有のID番号が記録されており、この情報をもとに契約者情報を判別します。

　契約者情報には利用者の電話番号も含みます。したがって、対応の電話機さえあれば、いつでもこのSIMカードを差し替えることで、自身の電話番号を利用することが可能です。つまり、複数の電話機を1枚のSIMカードで使い分けることもできるし、その逆に1台の電話機を複数のSIMカードで電話番号を切り替えながら使うこともできるわけです。

　SIMカードは、主にGSMやW-CDMAといった方式の携帯電話でサポートされています。したがって、基本的には海外のGSM方式携帯やW-CDMA方式を採用する国内のNTTドコモ社、ソフトバンクモバイル社の携帯電話機には互換性があり、本来であればSIMカードを差し替えて利用できることになります。しかし、国内の携帯電話会社では、電話機本体の利用を自社のサービスに限定していることがほとんどで、俗に「SIMロック」と呼ばれる制限が電話機に施されています。この場合、同じ携帯電話会社内の電話機であればSIMカードの差し替えができますが、他社の電話機にはSIMカードを差しても利用することができません。

　逆にこうした制限がないことを「SIMロックフリー」と呼びます。SIMロックフリーの携帯電話機は、どの携帯電話会社のSIMカードでも使用することができます。

関連用語
携帯電話 ……………………………… 254　　PHS ……………………………… 256

> 契約時に発行されるICカード

> から

> ICチップ部分だけを切り離して使います

SIMカードとは、携帯電話機本体に差し込んで使うICカードのこと。
ICチップ内に固有のID番号が記録されており、契約者情報を判別するために使います。

SIMカードの中には、ID番号の他にも、自分自身の電話番号（自局番号）をはじめとする様々な情報が入っています。

固有のID番号　自局番号
携帯電話会社　電話帳
などなど…

そしてSIMカードは、携帯電話機本体に、この「自局番号」を与えるという役割を負っています。

> 私はダレ？
> ココはドコ？
> どの基地局とコンニチハなの？

実は携帯電話機は、そのままだと「自分がダレかもわからない」というおバカさんなのです。

> …をプスッとさす
> はぁ!!
> そこでSIMカード!!

> オハヨウゴザイマス!!
> オメメパッチリデス!!
> 私のバンゴウは090-××××-○○△△!!
> ア1基地局とコンニチハなのです!!

SIMカード対応の電話機が複数あれば、SIMカードを差し替えることで、いつでも使い分けることができちゃいます。

> 今日は海に行くカラ…
> 去年使ってた防水のやつにしようかな？

Felica
フェリカ

　Felicaとは、「おサイフケータイ」と言われる携帯電話の電子マネーサービス等に用いられる中核技術です。ソニー社が開発した非接触型ICカードの通信技術で、Felicaチップが内蔵された携帯電話機を読み取り端末にかざすだけで、データをやり取りすることができます。

　ひとつのFelicaチップには複数のデータを持たせることができます。「おサイフケータイ」の名が示す通り、代表的なところはEdyやSuicaなどの電子マネーサービスですが、鉄道やバスの乗車券、航空券、量販店のポイントカードや会員カードなど、様々な機能・用途に利用されています。Felica自体も携帯電話に限るものではなく、広くICカードとして利用できる形式であるため、そちらの形態では社員証や入退室証などにも用いられています。

　Felicaチップが内蔵された携帯電話機では、Edyなど電子マネーのチャージ(入金)作業も、すべて電話機単体で完結します。必要な通信はiモードやEzWeb等のパケット通信サービスにより行い、他に機器を要さず、とても簡便に利用することができます。しかし決済手段をすべて一括して管理できてしまうため、紛失・盗難時のリスクが大きくなることには注意が必要です。

　内蔵されたFelicaチップは、SIMカードのように取り外すことのできる構造ではありません。したがって機種変更時のデータ移行には、やや煩雑な手続きを要します。

関連用語

携帯電話	254	SIMカード	272
パケット通信	268		

> JR乗車券になったり電子マネー使えたりとやたら高機能なFelicaカード

> …の機能を携帯電話に付加できるモバイルFelicaチップ

> そーちゃく

> うわははははは

> おサイフケータイ機能でピッとかざすだけのカンタン決済ナリよ

Felicaとは、ソニーが開発した非接触型ICカードの通信技術です。
携帯電話の電子マネーサービスである「おサイフケータイ」において、中核技術として使用されています。

Felicaは、非接触式ICカードなのでカードリーダを通す必要がなく、しかも「マルチアプリケーション対応」という特徴を持ちます。

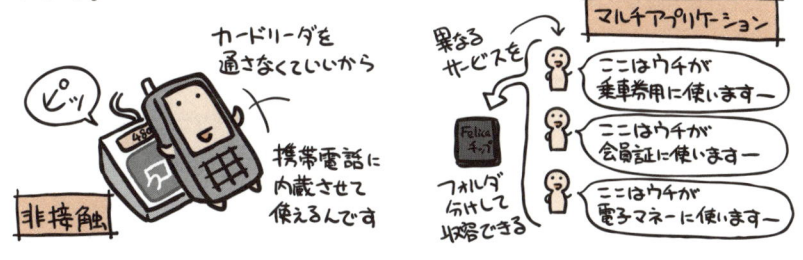

> カードリーダを通さなくていいから
> ピッ
> 非接触
> 携帯電話に内蔵させて使えるんです

> 異なるサービスを
> マルチアプリケーション
> ここはウチが乗車券用に使いますー
> ここはウチが会員証に使いますー
> ここはウチが電子マネーに使いますー
> フォルダ分けして共存できる

なので携帯電話のモバイルFelicaチップには、様々なサービスを登録することができて…

> JR乗車券アプリ
> 電子マネーアプリ
> オラに力を貸してクレー
> 会員証アプリ
> などなどなど…

手持ちの携帯電話が、電子マネーの財布になったり、お店とかの会員証になったり、バスや電車の切符になったりします。

> 改札で
> 買い物で
> ポイントでウフフ貯まってる…

column

「あの頃はいつもPHSだった」

　私がはじめて手にした移動体通信機器は、当時「ピッチ」などという愛称で呼ばれてたPHSでした。確か1996〜7年くらいのことです。

　携帯電話は維持費が高いというのもあったんですけど、データ通信はとろくて使い物にならないし、なにより音質が悪かった。たまに課長とかの偉い人が出先から電話をかけてくるんですけども、ピーギャラピーギョロとノイズが入ってばかりで、はっきり言って聞き取れない。よくこれで客先に電話なんかできるな、はっきり言って迷惑じゃないのか…とは、当時よく思ったものでした。

　まあPHSはPHSで、歩きながらだとプチプチ切れちゃうとか、そもそも圏外ばかりで使い勝手が悪いというのはあったんですけど、それでも音質自体は良かったのです。だから、「持ち運びできる公衆電話」だと思えばさほど苦ではなかった。電波のいいとこ探してかけるようにさえすれば、そこから一歩たりとも動けやしないけれども、互いにストレスフリーの会話をすることができたのです。

　そんなわけで、私は延々PHSを愛用してました。後になって営業用にと会社から携帯電話を持たされた時も、「こんな音質ではお客さんに失礼で電話できない」と、社内からの待ち受け専用にしたりしたもんでした。

　しかもPHSは携帯電話の4倍近く高速なデータ通信が可能だったので、メールのやり取りにも力を発揮してくれてですね。ハンダごて片手にこさえた自前のケーブル使ってノートPCやPDA端末につないでは…と。

　なにを書いても今は昔。驚くほどに進化を遂げた今の携帯電話の便利さには、ただただ舌を巻くばかりです。

　そして今では私も携帯電話を使うようになりました。時折PHS端末の売り場をのぞいては、当時とは比べものにならない閑散っぷりに、一抹の寂しさを覚えたりしています。

おわりに

　本書をお読みいただきありがとうございました。
　この本は、「なんでこんな本がないんだろうか」と普段思っていたことを、そのままぶつけた本でもあります。
　「なぜたとえ話に終始した柔らかい本がないんだろうか」
　「なぜ図解といいながら四角と矢印ばかりの本なのだろうか」
　そんな「なぜ」に対して、自分ならこう表現したいと思ったことをつめこんだのです。
　昔の話ですが、プログラマをやってた頃に、用語辞典なるものをかたわらに置いていた人がいました。初心者の人だったので、偉いなと思ってそう言うと「結局難しくてわからない」という答えが返ってくるのです。見てみると簡潔にまとめられていて非常に読みやすいのですが、確かにこれじゃあ概要すら掴めないというものでした。
　でもその人だって、目の前にあるものに例えて説明すれば、何の苦もなく理解することができる内容ばかりだったのです。
　本書では、そうした人に説明する時の気持ちに立って、それをそのまま絵にしました。ですから、文字を必死に追って考えるのではなく、さ～っと絵を流し読みするのがお勧めです。
　もし本書を読んで「難解だ」と感じた人は、絵の部分だけを見て、そのイメージを印象として残すに留めてください。きっとその用語に触れるたび、頭に残ったイメージが浮かび上がって、いつか「ああ、こういう意味だったのか」と理解できる日がやってくるはずです。
　最後に、この本の主旨を理解いただき、出版の機会を与えてくださった編集者の方々に、感謝の意を表します。

2002年11月　きたみりゅうじ

改訂にあたって

　本書は、平成15年1月に発行した同書の改訂版となります。
　「なぜこんな本がないのだろうか」という思いから本書の制作ははじまったわけですが、その結果は予想以上に好評で、特に初心者の方々に長く愛していただける本となりました。本当にありがたいことです。ありがとうございます。
　いただいた感想の中には「癒されるためにこの本を毎日昼休みに開いている」とか、「このキャラクターたちのぬいぐるみを出して欲しい」とかいう声も珍しくなく、とある企業さんからは「イメージキャラクターに使わせて欲しい」なんて声まであったりして。そうそう、「クリップアート集にして出して欲しい」なんてのもありました。
　残念ながらキャラクター関係については、どれも実現に至らず現在を迎えるわけですが、クリップアートは今回編集さんにお願いして、「オマケ」という形で配布させていただく運びとなりました※。たぶん「クリップアート集」という形でお届けするよりかは、安価に提供できる形式が採れたと思っています。用語集にオマケがついてるって、それないやねん！という気もしないではないですけれども、そのあたりも含めて「少し変わりダネの用語集なんですよ」とお楽しみいただければ幸いです。
　さて、今回の改訂にあたっては、「大きくは変えない」ということをテーマにして正常進化を目指しました。色んな案が出た中で、前回を踏襲することがこの本にとっては一番だろう…というのが、前回同様制作を担当してくださる編集さんと私との共通見解になったのです。
　また数年後、ありがとうございますの声とともに、この欄を書き出せるような…。そんな書籍に仕上がってくれていれば、これ以上ない喜びです。

2006年01月　きたみりゅうじ

※改訂3版では配布しておりません。

改訂3版にあたって

「本書をお読みくださり、ありがとうございます」

そんな書き出しで再びこの欄を書くことができることを、まずはうれしく思います。本当に読んでくださってありがとうございます。

この本は、2003年1月に初版本が出て、その後2006年3月に改訂2版、そして今回の改訂3版へとつながります。だいたい3年周期で改訂が入って、今回で6年目。最近だと「半年で絶版になる本も珍しくない」と耳にすることも多いだけに、かなり異例のロングセラーになってくれてるんではないかと思います。それもこれも、この本を買ってくださった読者さん1人1人の口コミの力ではないのかと。たまにネットで評判を見かけたり、メールで感想をいただいたりするのですが、改訂2版を出した後あたりから「入社後先輩に勧められて」とか「先輩の持ってるのを見た後で改訂版が出てるのに気がついて」とかいう声が着実に増えて行くのを感じました。中には新人研修に使ってくれているところもあるようです。

初版本を出した時、カバーデザインには「会社で机の上に置いててもはずかしくないように」と気をつかいました。当時は固い本が多かったので、自分みたいなヘタレ絵がカバーにデカデカと見えてしまっていたら、さぞ「ふざけた本だ」とされて居心地悪かろう…そんな思惑があったのです。

それが今では新人研修にまで!!　そんなみんなでふざけなくても!!

…と、それは冗談として。そんな時世であったにも関わらず、「ふざけた本だ」と一刀両断にされずに、しかもお勧め本として後輩に伝えてもらえている。そのことを知った時は、たまらなくうれしくなったものでした。

今はこのような「ふざけた本」も、「勉強する題材」としてある程度市民権を得られるご時世になったようです。その中の定番書のひとつに入れてもらえていることを、ただただうれしく思います。

それではまた3年後!…に会えるといいなと思いつつ。

2009年04月　きたみりゅうじ

ドングリ & キノコの マンガ式IT塾 パケットのしくみ

きたみりゅうじ

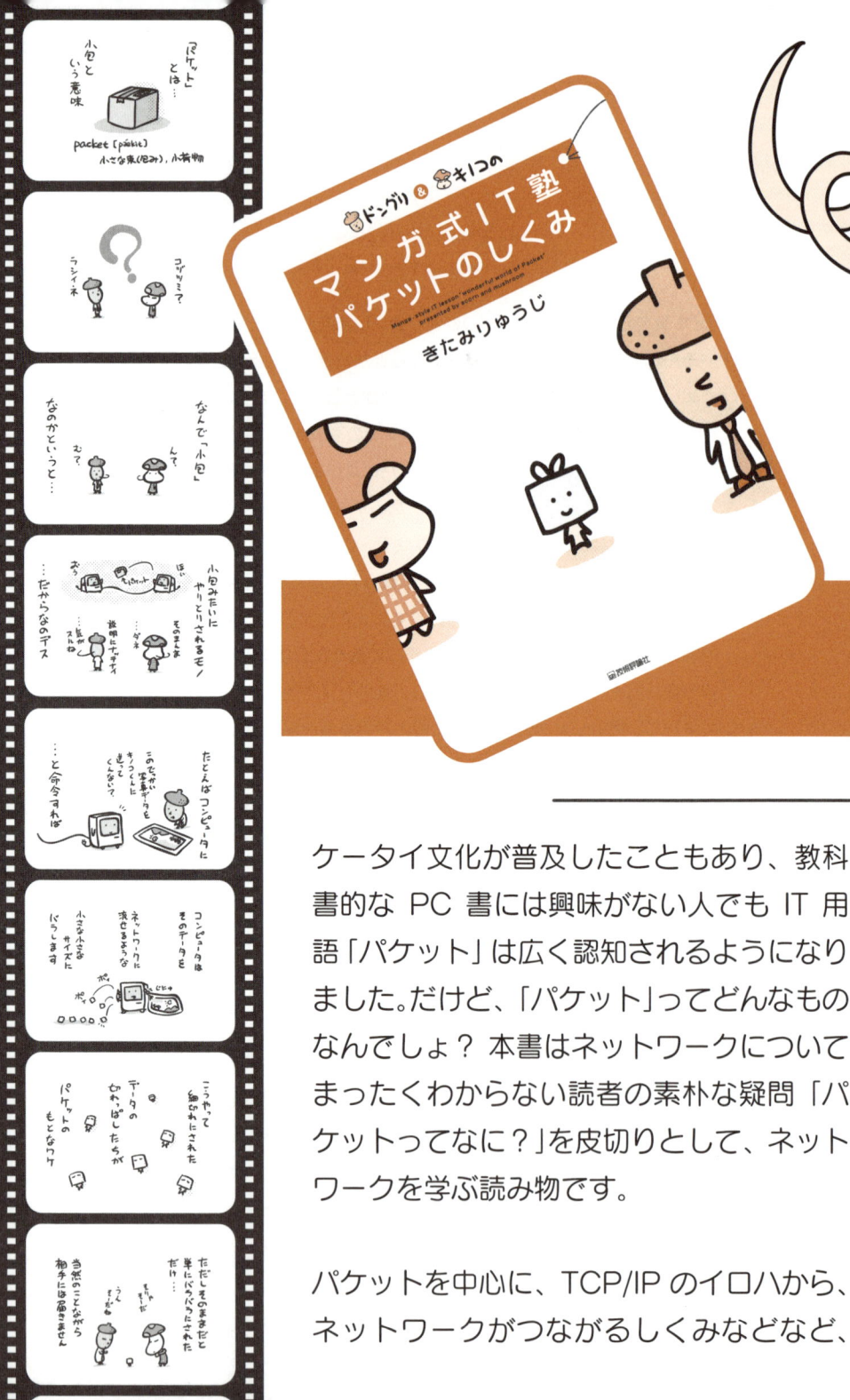

ケータイ文化が普及したこともあり、教科書的な PC 書には興味がない人でも IT 用語「パケット」は広く認知されるようになりました。だけど、「パケット」ってどんなものなんでしょ？ 本書はネットワークについてまったくわからない読者の素朴な疑問「パケットってなに？」を皮切りとして、ネットワークを学ぶ読み物です。

パケットを中心に、TCP/IP のイロハから、ネットワークがつながるしくみなどなど、

『重要用語解説』も
確かに良かったんだけど、
もっと絞りこんだ範囲を
突っ込んで、やさしく丁寧に
教えてくれる本って
ないのかしら？

↑という方に**お勧めです!!**

ドングリ & キノコの

マンガ式IT塾
パケットのしくみ

技術評論社より好評発売中!!

マンガを交えて平易に解説します。
本を読むのが苦手な人、これから勉強しなくてはいけないけれど、本格的な本を読むのは難しそう、としり込みしている人でも読み進められる、楽しい内容です。

2006年7月22日発売
きたみりゅうじ 著
A5判／128ページ
定価 1,344円（本体 1,280円）
ISBN 4-7741-2843-0

索引

数字

- 1G ············ 254
- 1000BASE-T ············ 72, 116, 118
- 100BASE-TX ············ 66
- 10BASE-2 ············ 68
- 10BASE-5 ············ 68
- 10BASE-T ············ 66
- 2G ············ 254
- 3G ············ 254

A〜C

- ACKパケット ············ 42
- Active Server Pages ············ 226
- ActiveX ············ 226
- ADSL ············ 102
- anonymous ftp ············ 204
- ASCIIモード ············ 204
- ASCII文字 ············ 214
- ASP ············ 226
- Asymmetric Digital Subscriber Line ············ 102
- Base64 ············ 214
- bits per second ············ 132
- Blog ············ 248
- Bluetooth ············ 80
- bps ············ 132
- Bridge ············ 122
- BroadBand ············ 108
- CA ············ 208
- Carrier Sense Multiple Access/Collision Detection ············ 72
- Cascading Style Sheets ············ 224
- Cell ············ 254, 258, 260, 262, 266
- Cellular Phone ············ 254
- Certificate Authority ············ 208
- CGI ············ 230
- Collision ············ 136
- Common Gateway Interface ············ 230
- Content-Type ············ 214
- Cookie ············ 232
- CSMA/CD方式 ············ 72, 136
- CSS ············ 224

D〜F

- DHCP ············ 150
- DHTML ············ 220
- Digital Living Network Alliance ············ 142
- Digital Subscriber Line ············ 100
- DLNA ············ 142
- DNS ············ 148
- Document Object Model ············ 220
- DOM ············ 220
- Domain ············ 56
- Domain Name System ············ 148
- Domain Network ············ 88
- Dynamic Host Configuration Protocol ············ 150
- Dynamic HTML ············ 220
- DynamicDNS ············ 240
- e-mail ············ 188
- Edy ············ 274
- Ethernet ············ 72
- Extensible Markup Language ············ 234
- Fast Ethernet ············ 72
- FDDI ············ 62, 70
- Felica ············ 274
- Fiber To The Home ············ 104
- File Transfer Protocol ············ 204
- Firewall ············ 164
- FOMA ············ 264
- FTP ············ 204
- FTTH ············ 104

G〜I

- Gateway ············ 134
- GbE ············ 72
- Gigabit Ethernet ············ 72
- Google ············ 244, 246
- GREE ············ 250

GSM	272
H.323	110
HTML	218
HTTP	194
HTTPS	210
Hub	126
Hyper Text Markup Language	218
Hyper Text Transfer Protocol	194
Hyper Text Transfer Protocol over SSL	210
ICANN	180
ICMP	216
ICQ	192
IEEE 802.11a	76
IEEE 802.11b	76
IEEE 802.11g	76
IEEE 802.11n	76
IEEE 802.16-2004	106
IEEE 802.16a	106
IEEE 802.16e	106
IM	192
IMAP	200
IMAP4	200
Instant Message	192
INSネット	98
Integrated Services Digital Network	98
Internet	176
Internet Control Message Protocol	216
Internet Corporation for Assigned Names and Numbers	180
Internet Message Access Protocol	200
Internet Protocol	40
Internet Protocol Security	96
Internet Protocol Version 6	58
Internet Server Application Program Interface	226
Internet Services Provider	178
IP	40
IPSec	96
IPv4	58
IPv6	58
IPアドレス	50
IP電話	110
IPマスカレード	172
ISAPI	226
ISDN	98
ISP	178

J〜L

Japan Network Information Center	180
Java	228
JavaScript	222
JavaVM	228
Java仮想マシン	228
JIT	228
JPNIC	180
JPRS	180
Just In Timeコンパイル	228
LAN	12,62
LANアダプタ	116
LANカード	116
LANケーブル	118
LANボード	116
LMHOSTSファイル	156
Local Area Network	62

M〜O

MACアドレス	138
Media Access Control Address	138
MIME	214
mixi	250
Modem	130
Mosaic	184
Movable Type	248
Multipurpose Internet Mail Extensions	214
NAPT	172
Narrow ISDN	98
NAT	170
NBT	152,156
Net News	190
NetBEUI	154
NetBIOS	152
NetBIOS Extended User Interface	154
NetBIOS over TCP/IP	152,156
Network Address Port Translation	172
Network Address Translation	170
Network Basic Input/Output System	152
Network BIOS	152
Network Interface Card	116
Network News Transfer Protocol	202
Network Time Protocol	212

Network Topology	64	Simple Mail Transfer Protocol	196
NIC	116	Simple Object Access Protocol	236
NNTP	202	SMTP	196
node	48	SNS	250
NTP	212	SOAP	236
NTドメイン	88	Social Networking Site	250
OSI参照モデル	34	SSL	206
		Stratum	212
		Suica	274

P〜R

packet	46	SwitchingHub	128
Peer-to-Peer型	18	TCP	42
Personal Handyphone System	256	TCP/IP	38
PHS	256	Thick coax	118
ping	216	Thin coax	118
PLC	78	Token	74
Plug and Play	140	Token Ring	74
Point to Point Protocol	158	Topology	64
Point to Point Protocol Over Ethernet	160	traceroute	216
Point to Point Tunneling Protocol	162	Transmission Control Protocol	42
POP	198	UDP	44
Post Office Protocol	198	Uniform Resource Locator	186
Power Line Communications	78	Universal Plug and Play	140
PPP	158	Unix to Unix Copy	202
PPP over Ethernet	160	UPnP	140
PPPoE	160	URL	186
PPTP	162	User Datagram Protocol	44
Protocol	36	UUCP	202
Proxy	166	uuencode	214

V〜Z

QoS	144	Virtual Private Network	96
Quality of Service	144	Voice over IP	110
Quoted Printable	214	VoIP	110
RDF	238	VPN	96
RDF Site Summary	238	W-CDMA	272
Repeater	120	W3C	218,220,234
Resource Description Framework	238	WAN	12,92
Router	124	Web	182
RSS	238	Weblog	248
		Webポータル	244

S〜U

Secure Electronic Transaction	208	Wide Area Network	92
Secure Sockets Layer	206	WiMAX	106
SET	208	Windows Internet Name Service	156
SIMカード	272	WINS	156
SIMロック	272	Worldwide Interoperability for	
SIMロックフリー	272		

Microwave Access	106
World Wide Web	182
World Wide Web Consortium	218,220,234
WWW	182
WWWブラウザ	184
x Digital Subscriber Line	100
xDSL	100
XML	234
Yahoo!	244,246

ア 行

アールエスエス	238
アイエスディーエヌ	98
アイエスピー	178
アイシーエムピー	216
アイピー	40
アイピーアドレス	50
アイピーセック	96
アイピー電話	110
アイピーブイシックス	58
アイピーマスカレード	172
アイマップ	200
アクセスポイント	76
アクティブエックス	226
アドホックモード	76
アドレステーブル	122
アドレス変換	170,172
アプリケーション層	34
暗号化	206
アンチウィルス	242
イーサネット	72
イーメール	188
移動体通信	258,260
インスタントメッセージ	192
インターネット	28,176
インターネットメール	188
インフラストラクチャモード	76
ウィルコム	256
ウィルス	242
ウィンズ	156
ウェブポータル	244
ウェブログ	248
エイチティーエムエル	218
エイチティーティーピー	194
エイチティーティーピーエス	210

エーディーエスエル	102
エスエスエル	206
エスエムティーピー	196
エックスエムエル	234
エックスディーエスエル	100
エディ	274
エヌエヌティーピー	202
エヌティーピー	212
エフティーティーエイチ	104
エフティーピー	204
オーエスアイ参照モデル	34
おサイフケータイ	274
音響カプラ	146

カ 行

回線交換通信	268
カスケード接続	126
簡易型携帯電話	256
キャリア・センス	72
キューオーエス	144
狭帯域	108
グーグル	244,246
クッキー	232
クライアント	16
クライアントサーバ型	19
グリー	250
グループウェア	90
グローバルIPアドレス	82
携帯電話	254
ゲートウェイ	134
検索サイト	246
広帯域	108
広域通信網	92
小包	46
コネクションレス型	44
コリジョン	136
コンピュータウィルス	242

サ 行

サーバ	16
サービス	24,147
サービスエリア	259,261
サブネットマスク	52
シーエスエス	224
ジーセスエム	272

シーケンス番号	42
シージーアイ	230
ジーピーイー	72
ジェーピーニック	180
シムカード	272
シムフリー	272
シムロックフリー	272
ジャバ	228
ジャバスクリプト	222
ジャミング信号	136
スイカ	274
スイッチングハブ	128
スター型LAN	66
スパイウェア	242
スプリッタ	100,102
スレーブ	80
赤外線通信	80
セグメント	122
セッション層	34
セット	208
セル	254,258,260,262,266
セルラーフォン	254
全文検索型	246
専用線	94
統合デジタル通信網	98
装置	20
ソーシャルネットワーク	250
ソープ	236

タ 行

ターミネータ	68
帯域制御	144
ダイナミックエイチティーエムエル	220
ダイナミックディーエヌエス	240
第2世代デジタルコードレス電話	256
タグ	218
ダブリュダブリュダブリュ	182
ダブルシーディーエムエー	272
ツイストペアケーブル	118,126
ディーエイチシーピー	150
ディーエヌエス	148
ディーエルエヌエー	142
ティーシーピー	42
ティーシーピーアイピー	38
ディレクトリ型	246

データグラム型	44
データリンク層	34
デフォルトゲートウェイ	134
テレホーダイ	178
電子会議室システム	190
電子マネー	274
電子メール	188
同軸ケーブル	118
トークン	74
トークンパッシング方式	74
トークンリング	74
トポロジー	64
ドメイン	56
ドメインコントローラ	88
ドメインネットワーク	88
トランスポート層	34
トロイの木馬	242

ナ 行

ナット	170
名前解決	148
ナローバンド	108
ニック	116
日本ネットワークインフォメーションセンター	180
日本レジストリサービス	180
ニュースグループ	190
ニュースサーバ	202
ネットニュース	190
ネットバイオス	152
ネットビューイ	154
ネットワークアドレス部	50,52
ネットワークインターフェイスカード	116
ネットワーク概論	11
ネットワーク基本入出力システム	152
ネットワーク層	34,36
ネットワークとは	13
ネットワークトポロジー	64
ノード	48

ハ 行

ハードウェア	115
バイナリモード	204
ハイパーテキスト	218
パケット	46
パケット通信	268

項目	ページ
パケットフィルタリング	168
バス型LAN	68
バックアップドメインコントローラ	88
ハブ	126
バルク転送	98
ハンドオーバー	266
ピア・トゥ・ピア型	18
ピーエイチエス	256
ピーエルシー	78
ピーピーエス	132
ピーピーティーピー	162
ピーピーピー	158
ピーピーピーオーイー	160
光ファイバ	104
ファイアウォール	164
ブイオーアイピー	110
ブイピーエヌ	96
フェムト	262
フェリカ	274
フェルトセル	262
フォーマ	264
輻輳	270
物理層	34
プライベートIPアドレス	84
プライマリドメインコントローラ	88
ブラウザ	184
プラグアンドプレイ	140
ブリッジ	122
ブルートゥース	80
プレゼンテーション層	34
ブロードバンド	108
プロキシサーバ	166
ブログ	248
プロトコル	36,147
プロバイダ	178
分散管理型ネットワーク	86
ベストエフォート	145
ボイスオーバーアイピー	110
ポータル	244
ポータルサイト	244
ポート番号	54
ポートを開く	168
ホストアドレス部	50,52
ホットスポット	112
ポップ	198

マ・ヤ 行

項目	ページ
マイクロセル方式	258
マイム	214
マクロセル方式	260
マスター	80
マックアドレス	138
マルチポートブリッジ	128
マルチポートリピータ	126
ミクシィ	250
無線LAN	76
メーラー	188
モザイク	184
モデム	130
モバイルWiMAX	106
ヤフー	244,246
ユーアールエル	186
ユーディーピー	44
優先制御	144
ユニバーサルプラグアンドプレイ	140
より線ケーブル	118,126

ラ・ワ 行

項目	ページ
ラン	62
ランケーブル	118
リピータ	120
リピータハブ	126
リング型LAN	70
ルータ	124
ルーティング	40
ルーティングテーブル	124
ローカルエリアネットワーク	12,14,62
ローミング	264
ワークグループネットワーク	86
ワーム	242
ワールドワイドウェブ	182
ワイドエリアネットワーク	12,15,92
ワイマックス	106
ワクチン	242
ワン	92

◆ 著者について

きたみりゅうじ

もとはコンピュータプログラマ。本職のかたわらホームページで4コマまんがの連載などを行う。この連載がきっかけで読者の方から書籍イラストをお願いされるようになり、そこからの流れで何故かイラストレーターではなくライターとしても仕事を請負うことになる。
本職とホームページ、ライター稼業など、ワラジが増えるにしたがって睡眠時間が過酷なことになってしまったので、フリーランスとして活動を開始。本人はイラストレーターのつもりながら、「ライターのきたみです」と名乗る自分は何なのだろうと毎日を過ごす。
自身のホームページでは、遅筆ながら現在も4コマまんがを連載中。
http://www.kitajirushi.jp/

● 装丁
早川いくを（ハヤカワデザイン）
● イラスト
きたみりゅうじ
● 本文デザイン、DTP
（株）シーズ
● 編集
山口政志

◆ ご意見、ご感想、ご質問について

本書へのご意見、ご感想、ご質問は下記のあて先まで書面かFAXでお願いします。電話による問い合わせには一切お答えいたしません。
なお、ご質問の際には、お名前、ご連絡先、書名、該当ページを必ずご記入ください。また、本書記載の内容を超えたご質問にはお答えできませんので、あらかじめご了承ください。

〒162-0846　東京都新宿区市谷左内町21-13
株式会社技術評論社 書籍編集部 「図解でよくわかるネットワーク重要用語解説 質問係」
FAX：03-3267-2269

【改訂3版】図解でよくわかる ネットワークの重要用語解説

2003年 1月 6日　初　版　第1刷発行
2006年 4月 25日　第2版　第1刷発行
2009年 4月 25日　第3版　第1刷発行

著　者　　きたみりゅうじ
発行者　　片岡　巌
発行所　　株式会社技術評論社
　　　　　東京都新宿区市谷左内町 21-13
　　　　　電話　03-3513-6150　販売促進部
　　　　　　　　03-3267-2270　書籍編集部
印刷／製本　株式会社加藤文明社

定価はカバーに表示してあります。

本の一部または全部を著作権法の定める範囲を越え、無断で複写、複製、転載、あるいはファイルに落とすことを禁じます。

©2009　きたみりゅうじ

造本には細心の注意を払っておりますが、万一、乱丁（ページの乱れ）や落丁（ページの抜け）がございましたら、小社販売促進部までお送りください。送料小社負担にてお取り替えいたします。

ISBN978-4-7741-3821-3　C3055

Printed in Japan